可程式控制器實習
與電腦圖形監控

楊錫凱、林品憲、曾仕民、陳冠興　編著

全華圖書股份有限公司

國家圖書館出版品預行編目資料

可程式控制器實習與電腦圖形監控 / 楊錫凱等編
著. -- 二版. -- 新北市 : 全華圖書股份
有限公司, 2019.05
　　面 ;　　公分
　ISBN 978-986-503-088-9(平裝附光碟片)

1.CST: 自動控制

448.9　　　　　　　　　　　　　108005793

可程式控制器實習與電腦圖形監控

作者 / 楊錫凱、林品憲、曾仕民、陳冠興

發行人 / 陳本源

執行編輯 / 蔡廷祐

出版者 / 全華圖書股份有限公司

郵政帳號 / 0100836-1 號

圖書編號 / 06297017

二版四刷 / 2024 年 09 月

定價 / 新台幣 360 元

ISBN / 978-986-503-088-9 (平裝附光碟片)

全華圖書 / www.chwa.com.tw

全華網路書店 Open Tech / www.opentech.com.tw

若您對本書有任何問題，歡迎來信指導 book@chwa.com.tw

臺北總公司(北區營業處)
地址：23671 新北市土城區忠義路 21 號
電話：(02) 2262-5666
傳真：(02) 6637-3695、6637-3696

南區營業處
地址：80769 高雄市三民區應安街 12 號
電話：(07) 381-1377
傳真：(07) 862-5562

中區營業處
地址：40256 臺中市南區樹義一巷 26 號
電話：(04) 2261-8485
傳真：(04) 3600-9806(高中職)
　　　(04) 3601-8600(大專)

序言
Preface

　　隨著人力成本提升，產業自動化已是必然的趨勢，且不再僅限於科技業，即使是傳統產業，亦將自動化視為提升競爭力的重要方式，而又以可程式控制器為產業自動化中最重要的控制器之一。其發展已超過 40 年，產品穩定度高、功能日益強大，且學習門檻低，產業界的各種生產製造過程，皆為應用的領域；學校方面，技職教育在產業自動化與機電系統整合技術及培育上，可程式控制器對於控制科系、電機科系、機械科系、機電科系、汽車科系、生機科系等，都是相當重要的課程。

　　本書以目前市場與學校中使用率最高的 PLC 品牌－三菱小型 PLC FX 系列為基礎，介紹所有基本指令與常用應用指令的說明，並透過規劃好的實習範例進行講解、練習與思考，藉由本書的學習，讀者將可快速又清晰了解 PLC 程式的設計方式，以建立進入自動化產業所需的 PLC 基礎能力。

　　此外，鑑於三菱 PLC 的價格不斐，一般學生除在學校課堂上實習外，大多沒有能力自行購置，因而欠缺充分的練習機會。特別在進行專題製作時，因學校沒有多餘的 PLC 可供利用或借用，且專題完成後，還要再拆掉復原，以致作品無法保留；又常見許多產學計畫或產品開發，適合使用順序控制的規劃方式設計，但使用市場的 PLC 成本太高。因此，本書亦介紹了創易自動化科技開發的低成本的迷你 PLC (稱為 isPLC) 註 1，它具備了 FX 系列 PLC 基本的功能，且指令相似度高，可以實際解決上述問題。此外，isPLC 支援了幾個元 FX 沒有的專用指令，其中針對 isPLC 專用指令設計的範例，特別在章節標題後面標註"**"。

序言
Preface

　　另一方面，目前市場的產業自動化中的控制器也都幾乎會配置圖形監控介面，因此本書特別規劃一章介紹視窗開發軟體 VB.NET，可使讀者迅速學習 VB.NET 在電腦監控的相關程式設計重點。透過該章的學習，針對三菱 FX 系列 PLC 與創易自動化的 isPLC，只要按照作者提供的 PLC 通訊類別，讀者將可快速的完成 PLC 的圖形監控設計。

　　作者在編寫本書時，已力求內容的完整，但疏漏之處仍恐難免，尚祈讀者先進不吝指教。

編　　者

編輯部序
Preface

　　「系統編輯」是我們的編輯方針，我們所提供給您的，絕不只是一本書，而是關於這門學問的所有知識，它們由淺入深，循序漸進。

　　本書以目前使用率最高的三菱 PLC FX 系列作基本指令與常用應用指令作說明與範例講解，表格式解析 PLC 指令的語法與階梯圖，並結合範例幫助讀者一看就懂，輕鬆上手。另外，考量到自學者使用的便利性，亦介紹低成本的 isPLC，除具備 FX 系列基本功能，也可支援幾個 FX 沒有的專用指令。此外，本書之編寫因應目前市場產業自動化中的控制器也會配置圖形監控介面，故特別在後面幾章介紹視窗開發軟體 VB.NET，讓讀者能獲得全方位的學習。本書適用於科大電機、機械、自動控制系「可程式控制器」、「可程式控制器實習」課程。

　　同時，為了使您能有系統且循序漸進研習相關方面的叢書，我們以流程圖方式，列出各有關圖書的閱讀順序，以減少您研習此門學問的摸索時間，並能對這門學問有完整的知識。若您在這方面有任何問題，歡迎來函聯繫，我們將竭誠為您服務。

相關叢書介紹

書號：05924
書名：PLC 原理與應用實務(附範例光碟)
編著：宓哲民.王文義.陳文耀.陳文軒

書號：04F01
書名：可程式控制實習與應用－OMRON NX1P2(附範例光碟)
編著：陳冠良

書號：06085
書名：可程式控制器 PLC(含機電整合實務)(附範例光碟)
編著：石文傑.林家名.江宗霖

書號：06466
書名：可程式控制快速進階篇(含乙級機電整合術科解析)(附範例光碟)
編著：林惲

書號：06323
書名：LabVIEW 與感測電路應用(附多媒體、範例光碟)
編著：陳瓊興

流程圖

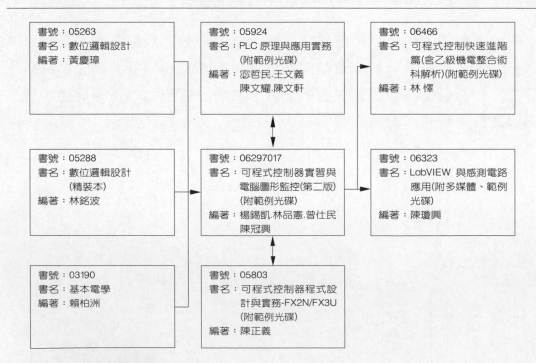

書號：05263
書名：數位邏輯設計
編著：黃慶璋

書號：05924
書名：PLC 原理與應用實務(附範例光碟)
編著：宓哲民.王文義陳文耀.陳文軒

書號：06466
書名：可程式控制快速進階篇(含乙級機電整合術科解析)(附範例光碟)
編著：林惲

書號：05288
書名：數位邏輯設計(精裝本)
編著：林銘波

書號：06297017
書名：可程式控制器實習與電腦圖形監控(第二版)(附範例光碟)
編著：楊錫凱.林品憲.曾仕民陳冠興

書號：06323
書名：LabVIEW 與感測電路應用(附多媒體、範例光碟)
編著：陳瓊興

書號：03190
書名：基本電學
編著：賴柏洲

書號：05803
書名：可程式控制器程式設計與實務-FX2N/FX3U(附範例光碟)
編著：陳正義

目錄 Contents

目錄
Contents

目錄
Contents

CH 6

PLC 的 SFC 設計實習　　　　　　　　6-1

目錄
Contents

目錄
Contents

附錄

Chapter 1

可程式控制器簡介

1-1 前言

可程式控制的主要用途是要替代傳統複雜的工業配盤,因此,在說明什麼是可程式控制器之前,有需要了解傳統工業配盤中的基本元件與常識。

一、電磁接觸器(magnetic contactor, MC)

電磁接觸器是利用電流流過電磁線圈(magnetic coil)生成磁場,磁場透過鐵心產生電磁力,使接點開閉以控制負載的裝置。電磁接觸器上的接點包含主接點(Main Contact)用來開閉主電路,與輔助接點(auxiliary contact)做為控制電路接點。電磁接觸器可運用至大電流負載之控制,如電動機的控制。電磁接觸器的外觀如圖 1-1 所示。

圖 1-1　電磁接觸器的外觀

二、繼電器(relay)

繼電器又稱為電驛，繼電器的作動原理與電磁接觸器相同，是將控制電流導入線圈中，利用線圈電流纏繞鐵心產生的吸力控制接點的開閉狀態，並使外部電路產生斷路與導通的作用，透過這樣的方式可以使控制電路與負載電路間產生隔絕的作用，達到保護控制電路的目的。繼電器外觀如圖 1-2，構造與動作原理說明如圖 1-3。

圖 1-2　繼電器的外觀

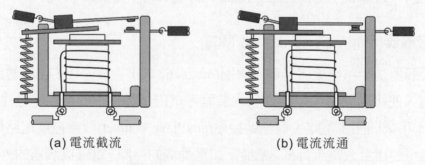

(a) 電流截流　　　　　　　　　(b) 電流流通

圖 1-3　繼電器作動說明圖

電磁接觸器與繼電器的區別主要在於電磁接觸器有主接點跟輔助(控制)接點之分，而繼電器則不分主接點及控制接點；且電磁接觸器多運用於大電流負載裝置，繼電器則運用於小電流負載。

三、常開(normally open, NO)與常閉(normally closed, NC)接點

常開接點又稱為 a 接點，常閉接點又稱為 b 接點，在控制電路中的符號分別標記如圖 1-4。

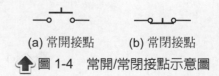

(a) 常開接點　　　　(b) 常閉接點

圖 1-4　常開/常閉接點示意圖

四、火線(live wire)、中性線(neutral wire)與地線(earth wire)

一般稱電路兩條電線中電壓為 110V 的電線稱為的火線(live wire，又稱為活線)，另一條為電壓恆為零的中性線(neutral wire)；此外，接入地球的導線也能維持零電位，稱為地線(earth wire)。

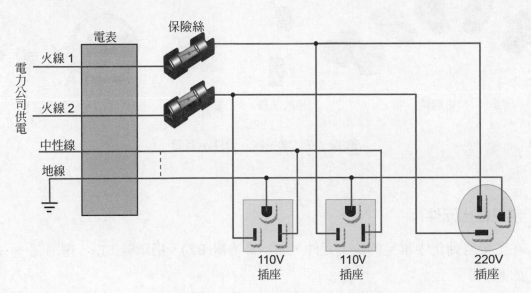

⬆ 圖 1-5　火線、中性線和地線示意圖

五、乾接點(dry-contact)與濕接點(wet-contact)

對輸入接點來說，乾接點指的是輸入端不須外加電壓，直接短路即產生輸入訊號，濕接點則必須有外部的電壓輸入才能產生訊號。對於輸出接點來說，無電壓源的接點稱為乾接點，乾接點就好像是一只提供開路或斷路的開關，內部沒有電壓源；至於濕接點的接通狀態是有電壓存在的。

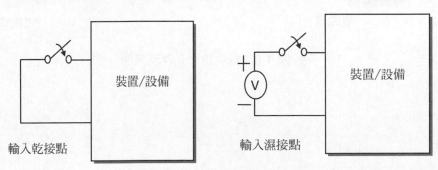

⬆ 圖 1-6　輸入乾接點與濕接點

六、常見輸入元件

在工業自動化中常見的輸入元件,如:切換開關(COS)、按鈕開關(PB)、極限開關(LS)、光電開關(又可分爲 PNP 與 NPN 兩型)……等。

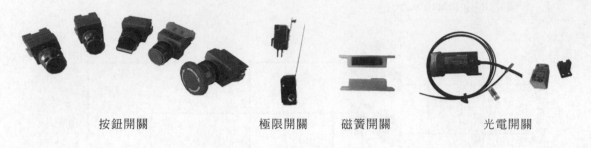

按鈕開關　　　　　極限開關　　磁簧開關　　　　光電開關

⬆圖 1-7　常見輸入元件示意圖

七、常見輸出元件

在工業自動化中常見的輸出元件,如:蜂鳴器(BZ)、指示號(SL)、電磁閥……等如圖 1-8。

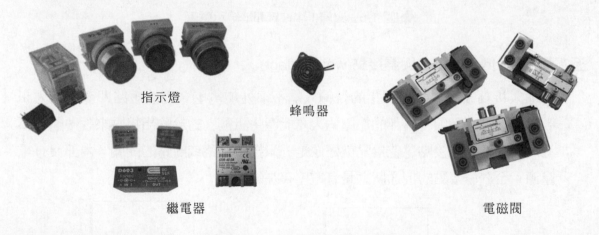

指示燈

蜂鳴器

繼電器　　　　　　　　　　　　　　　　電磁閥

⬆圖 1-8　常見輸出元件示意圖

八、常見致動器(或驅動器)裝置

在工業自動化中常見的輸出驅動裝置，如：氣壓缸、馬達……等。

各式馬達　　　　　　　　　　　　　　　氣壓缸

☝圖 1-9　常見致動器裝置示意圖

一個基於工業配盤的自動化系統架構，便是整合了輸入／輸出元件、感測器、致動器與控制器而成的，當然，傳統的工業配盤，順序控制功能主要即是由繼電器、計時器與計數器組合而成。如圖 1-10 為簡單描繪出基於工業配盤的自動化系統架構。

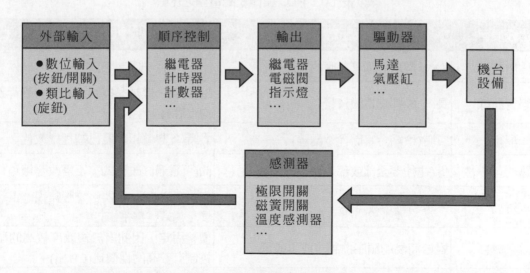

☝圖 1-10　基於工業配盤的自動化系統架構示意圖

1-2　什麼是可程式控制器？

　　觀察市面傳統的工業配盤，它所佔的空間不小，且動作規劃變動時，控制器內的元件不管是配置或是配線都得更動，欠缺彈性變動的能力，於是有了可程式控制器的需求。可程式控制器原是美國通用汽車為了改善生產流程、增加競爭力及減少維修等因素所開發出來的控制器，因此它的主要應用場合是工業生產流程中，包括物件的整列、搬移、加工、組裝、檢測、倉儲等，做為生產流程自動化的控制器。

　　根據國際電工委員會(IEC)對可程式控制器(Programmable Logic Controller, PLC)的定義：『可程式控制器為一種數位動作之電子裝置，它使用記憶體儲存外部寫入之指令，藉以執行邏輯、順序、演算、計時和計數等功能，並透過輸入／輸出模組來控制各種機電動作與程序。』就今天來看，可程式控制器可以看成是一個工業用的嵌入式控制器裝置，具備體積小、可靠度高、耐惡劣工作環境、即時性佳等特性。當然，「可程式」意味著此控制器的通用性佳、流程變更具彈性，透過程式的修改，可以快速的符合新的目標需求。相較於傳統配電盤，PLC 有許多的優勢，表 1-1 列 PLC 與傳統配電盤之比較。

表 1-1　PLC 與傳統配電盤之比較

比較項目	傳統配電盤控制	PLC 控制
佔用體積	大(每個功能都有對應的實體元件)	小(可小至一個火柴盒大小)
學習曲線	長(一般都為電機背景)	短(電機、機械、控制，甚至一般背景，均很容易上手)
配線	費時(須結合實體元件配線)	省時(多數邏輯功能已被程式取代)
迴路的可變性	低(往往要全部或部份修改線路)	高(可透過修改程式，不需改變線路)
維修	不容易發現故障點	容易(可以用書寫器、電腦監視，現已發展至遠端監控維修)
經濟性	對於簡易的順序控制，成本較低。	價格固定，因此對於複雜度較高的順序控制有較高的性價比(CP 值)。
擴充性	低(以傳統元件為主)	高(多支援 A/D、D/A、定位、通訊、網路……等擴充模組)

• Note

甚麼是嵌入式系統？

英國電機工程學會曾為「嵌入式系統」給了以下的定義：嵌入式系統為控制、監視或輔助某個設備、機器或甚至工廠運作的裝置。事實上，「嵌入式系統」的定義愈來愈模糊了，相較於一般桌上型(或者通用型)電腦系統，所謂的「嵌入式系統」在於其具有特定的用途與功能。此外，由於系統需具備獨立運作的能力，因此對於穩定性、時序的要求比一般的系統高。

既然可程式控制器也屬於一種嵌入式系統(一種簡易的電腦系統)，因此它的主要架構與電腦是相當類似的。它的基本結構包括中央處理單元(CPU)、記憶體、輸入／輸出模組、電源及程式輸入設備(書寫器或連接個人電腦)。PLC 的內部構成如圖 1-11。

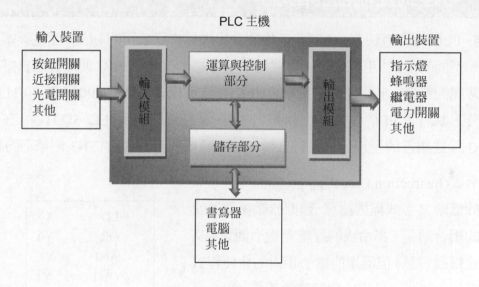

圖 1-11　PLC 系統架構圖

基於這樣的硬體架構，PLC 動作的實現方式可分為兩種，第一種是將 PLC 的指令解譯器預先建置在 PLC 中的記憶體(如 Flash)內，外部指令則經由輸入介面(可能為程式書寫器或電腦)寫至可讀寫記憶體(如 EEPROM)，而當 PLC 運行執行時，解譯器便會先取得所有外部輸入接點的信號，接著依序讀取記憶體中的 PLC 指令，並進行邏輯運算，直到 PLC 程式的最後一行，最後將輸出暫存器的狀態以實體接點輸出。另一種方法常在 PC 端將 PLC 程式碼的控制動作轉譯成執行檔，再載入目標平台(即 PLC)，接著便可在該平台上直接使用執行檔來進行所規劃的控制程序，所有控制動作與 I/O 讀寫都由執行檔完成。

值得一提的是在 PLC 的運行中，因為 PLC 的工作是週期性的，因此 PLC 的掃描週期是一個很重要的觀念。所謂「掃描週期」是指 PLC 完成一次掃描所需的時間，這其中包括：輸入端接點狀態的讀取處理、PLC 的順序邏輯指令的處理，以及將運算結果送往輸出端接點的處理。因此，掃描週期和程式的長短及 CPU 的快慢有直接的關聯。

發展至今，可程式控制器除了做為生產流程自動化的控制器之外，其他如電梯、洗車機、家庭保全也可以是它的應用範疇。事實上，舉凡與順序動作有關的電控需求，都可以利用可程式控制器達成自動化的目的。

1-3 可程式控制器的語法

由於 PLC 的發展快速，各家廠商均開發出屬於自己公司的 PLC，並定義本身專用的語言，不同的 PLC 平台之間，程式是不相容的，造成了 PLC 使用者的負擔與程式開發者時間的耗費。於是國際電工學會(IEC)在其可程式控制器的標準 IEC-61131 中的第三部分，制訂了 PLC 程式語言的國際標準，此標準即稱為 IEC 61131-3。在此標準下，PLC 程式語言的呈現方式共有五種，底下簡單列出 IEC 61131-3 標準下的語言：

1. 指令表(Instruction List, IL)

   屬於低階文字式程式語言，類似於微處理器使用的組合語言。指令表的好處是指令簡單，文字式修改容易，但簡單的指令相對的會使程式的可讀性降低，且程式邏輯修改不易。指令表語法範例如右：

   ```
   LD      X0
   OR      Y0
   ANI     X1
   OUT     Y1
   ```

2. 階梯圖(Ladder Diagram, LD)

   可以看成是從順序控制電路圖轉換而來的一種直觀的作圖方式，透過常開接點、常閉接點與輸出線圈……等符號的組合設計順序動作，階梯圖範例如右：

3. 順序功能流程圖(Sequential Function Chart, SFC)

順序功能流程圖藉由信號流程圖之思考模式進行設計，即透過步進階梯(step ladder, STL)指令規劃狀態流程，並結合階梯語言設計每一個狀態下的動作流程，順序功能流程圖範例如下：

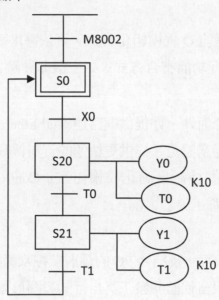

4. 結構化文字(Structured Text, ST)

屬於高階結構化文字式程式語言，包含運算指令、條件敘述、迴圈及呼叫副程式…等，可實現一些複雜的數學運算，語法邏輯撰寫類似 BASIC 語言，結構化文字範例如下：

```
D=(A OR B) AND C
IF D THEN ...X0
```

5. 功能方塊圖(Function Block Diagram, FBD)

是一種圖形化的語言，它將邏輯、數值等運算函式以圖形方塊表示，函式之間的參數引用則以訊號線來連結，組合圖形方塊成為一完整的系統，功能方塊圖範例如下：

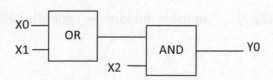

1-4 可程式控制器的發展

　　儘管工業用控制器的種類越來越多，功能也越來越強，但 PLC 迄今仍是實現自動化最重要的控制器之一，有關 PLC 未來的功能發展主要可分以下幾個部份：

1. 在 I/O 方面
   (1) 中大型 PLC 採抽換 I/O 式模組化方式，可依需求擴充專用的模組。
   (2) 小型 PLC 則朝多元功能整合方式，如主機即具備 AD 與網路介面。

2. 在資料傳輸方面
   (1) 除標準串列通訊介面外，亦提供網路連線如 Ethernet 等通訊協定。
   (2) 各廠商發展專用通訊協定，提供更快速的資料傳輸速率，如德國的 Beckhoff 公司所研發乙太網控制自動化技術(Ether Control Automation Technology, EtherCAT)，為一種工業乙太網。

3. 在控制器監控方面
   (1) 包括觸控式人機介面，及結合 PC 的圖形監控軟體如 InTouch，Rs-View...等。此外，亦可使用視窗軟體開發工具自行開發圖形監控系統。
   (2) 隨著可攜式裝置愈來愈普遍，透過 Wifi 或無線通訊的移動式監控將是近期的發展方向。

4. 在程式編寫方面
   提供更方便的程式編寫方式。除傳統程式書寫器外，如結合觸控式人機介面的書寫器，可降低重複購置設備的成本，又如廠商開發的程式編輯軟體在操作的便利性與功能的整合能力也一再提升。

5. 在系統架構方面
   (1) 符合 IEC 61131-3 標準的 Open PLC 逐漸普遍，其特色為可同時組合 SFC、階梯圖及功能方塊圖等語法在自動化程序中。
   (2) 基於 PC-Based 的 PLC 設計，利用 PC 的設計界面及微處理器，並直接將 PC 做為 PLC 的硬體，使控制器同時具備 PLC 與 PC 的特色，如近期發展的可程式自動化控制器(Programmable automation controller, PAC)。

課後練習

一、選擇題

(　) 1. 下列何者不屬於可程式控制器之輸出裝置？
(A)電動馬達　(B)電磁閥　(C)警報器　(D)極限開關。

(　) 2. PLC 的語法規範經國際電機技術學會認可，此規範稱為：
(A)IEEE 61131-3 　　　　　(B)IEC 61131-3
(C)IEC 16131-3 　　　　　(D)IEEE 16131-3。

(　) 3. 下列何者不屬於可程式控制器之輸入裝置？
(A)按鈕開關　(B)極限開關　(C)電磁閥　(D)壓力開關。

(　) 4. 下列何者為非接觸式開關？
(A)按鈕開關　(B)極限開關　(C)磁簧開關　(D)滾輪開關。

(　) 5. 下列何者不屬於可程式控制器之輸出裝置？
(A)電動馬達　(B)電磁閥　(C)警報器　(D)極限開關。

(　) 6. 根據 IEEC61131-3 標準，以下何者不是 PLC 程式語言的呈現方式？
(A)SFC　(B)FBD　(C)LD　(D)BC。

(　) 7. 以下關於 PLC 的敘述，何者是錯誤的？
(A)SFC 語言是一種藉由信號流程圖的思考模式所發展的圖形式語言
(B)IL 語言是一種低階文字程式語言，類似電腦的組合語言
(C)FBD 語言是一種高階結構化語言，包括運算指令、條件敘述、
　　迴圈…等
(D)SFC 語言可結合 LD 語言，適合實現機械的動作流程的規劃。

二、問答題

1. 簡單說明 PLC 與傳統工業配電盤的差異。

2. 繼電器的用途是甚麼？

3. 甚麼是 PLC 的掃描時間？

4. 何謂常開與常閉接點？

5. 乾接點輸入與濕接點輸入，有何差別？

6. 甚麼火線與地線？

7. IEC 61131-3 標準下的 PLC 語法有哪幾種？

Chapter 2

三菱 FX 系列 PLC

2-1 FX2N／FX3U PLC 的一般規格

　　三菱 FX 系列 PLC 是國內使用最普遍的小型 PLC 之一，三菱 FX 系列 PLC 還區分不同的型號，如圖 2-1 所示，像是 FX1S、FX1N、FX2N、FX3U、FX3G 等，底下針對目前市面常見的 FX2N 與 FX3U 做說明。

一、外觀與型號

(a) FX2N　　　　　　　　　　　(b) FX3U

⬆ 圖 2-1　PLC 示意圖

　　其中 FX2N 除了接點數目有區分外，它的輸出接點分成三種類型：電晶體型、繼電器型和固態繼電器型。如圖 2-1 為說明 FX2N-PLC 型號代表的意思。

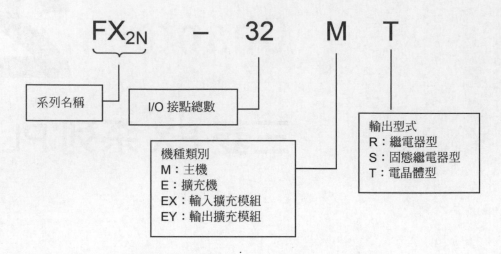

⬆ 圖 2-2　FX2N 可程式控制器型號說明

有關 PLC 輸出型式的選用可以依照實際的需求加以選擇，例如：

1. 繼電器型輸出：適用於驅動交流及直流負載，但接點壽命較短，不適合高速切換輸出。

2. 固態繼電器(SSR)型輸出：適用於驅動交流負載，亦適合高速切換的輸出。

3. 電晶體型輸出：適合驅動小型的直流負載，或用於相對高速切換的輸出，如高速脈波輸出。

至於 FX3U-PLC 的型號和 FX2N 有些不同，它的電晶體輸出型式還區分為 NPN 型和 PNP 型，此外，FX3U 系列 PLC 並沒有 SSR 輸出之規格，如圖 2-3 所示。

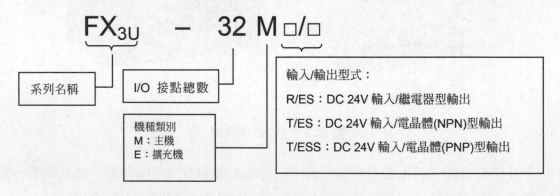

⬆ 圖 2-3　FX3U 可程式控制器型號說明

二、輸入規格

一般而言，PLC 的輸入端為各式開關或感測器。FX2N 系列 PLC 的輸入接線如圖 2-4 所示。

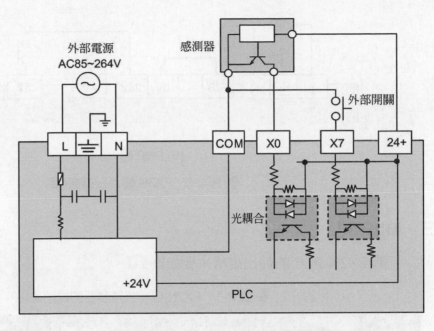

圖 2-4 FX2N 輸入接線圖

至於 FX3U 系列 PLC 的輸入接線則依 NPN 輸入或 PNP 輸入有所不同，如圖 2-5 所示，當 S／S 端子與 24V 端子連接時，表示 PLC 採 NPN 輸入。若 S／S 端子與 0V 端子連接，則表示 PLC 採 PNP 輸入。

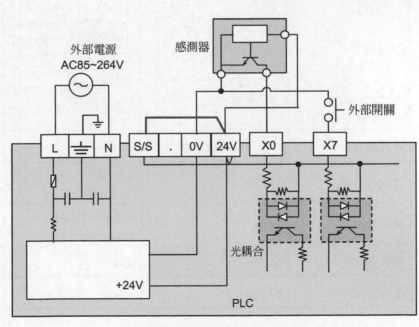

(a) NPN 輸入

圖 2-5 FX3U 輸入接線圖

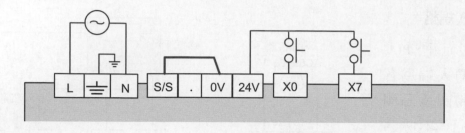

(b) PNP 輸入

圖 2-5　FX3U 輸入接線圖(續)

三、輸出規格

有關 FX2N-PLC 的輸出規格主要如表 2-1。

表 2-1　FX2N 可程式控制器的輸出規格

規格項目 ＼ 輸出類型	繼電器型輸出	SSR 輸出	電晶體(NPN)型輸出
回路組態	外部電源　PLC	外部電源　PLC	外部電源　PLC
外部電源	小於 250V AC, 30V DC	85～242V	5～30V DC
電阻性負載	2A/點	0.3A/點 0.8A/4 點	0.5A/點 0.8A/4 點
電感性負載	80VA	15VA/100V AC 36VA/240V AC	12W/24V DC
燈負載	100W	30W	1.5W/24VDC
反應時間	約 10ms	<1ms	<0.2ms

至於 FX3U 系列的電晶體型 PLC 則必須依型號考慮 NPN 或 PNP 輸出而有所不同 (如圖 2-6)，此外，FX3U 系列並不支援固態繼電器型輸出之規格，有需求時可外接具 SSR 輸出的 I/O 擴充模組。

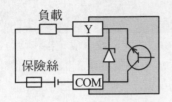
(a) NPN輸出(型號末端為T／ES)

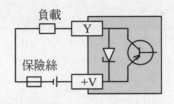
(b) PNP輸出(型號末端為T／ESS)

↑圖 2-6　FX3U 電晶體型輸出接線圖

2-2　FX2N／FX3U PLC 的元件

三菱 PLC 可以操作的元件大致分為以下幾類：

1. 位元元件：輸入(X)、輸出(Y)、輔助繼電器(M)、計時器(T)、計數器(C)、步進狀態繼電器(S)

2. 字元元件：資料暫存器(D)、索引暫存器(V、Z)

　　在上述位元元件中，X 和 Y 為實體的輸入和輸出接點，輔助繼電器 M 為 PLC 的內部接點，常用來記錄順序流程中節點的 ON/OFF 狀態，T 和 C 指的是計時器和計數器的線圈狀態，所以也屬於位元元件，至於計時器與計數器的目前值，則可透過資料暫存器來取得。步進狀態繼電器使用作為 SFC 設計時的步進點，未使用時也可以做為一般的繼電器使用。

表 2-2 列出三菱 PLC 常用的元件範圍與功能說明。

⬇ 表 2-2　FX₂ₙ 與 FX₃ᵤ 可程式控制器元件一覽表

元件名稱		編號		說明
		FX2N	FX3U	
輸入繼電器	X	X0～X07 X10～X17 ⋮ X170～X177	X0～X07 X10～X17 ⋮ X170～X177	為 8 進制之輸入繼電器。當有擴充模組時，其編號接續主機繼續編號
輸出繼電器	Y	Y0～Y17 Y10～Y17 ⋮ Y170～Y177	Y0～Y17 Y10～Y17 ⋮ Y170～Y177	為 8 進制之輸出繼電器。當有擴充模組時，其編號接續主機繼續編號
輔助繼電器	M	M0～M499	M0～M499	一般用途
		M500～M3071	M500～M1023	停電保持(FX3U 可變更)
			M1024～M7679	停電保持(不可變更)
		M8000～M8255	M8000～M8511	特殊用途
狀態繼電器	S	S0～S9	S0～S9	程式初始用
		S10～S499	S10～S499	一般用途
		S500～S899	S500～S899	停電保持
		S900～S999	S900～S999	故障指示用
			S1000～S4095	停電保持(不可變更)
計時器	T	T0～T199	T0～T191	100ms／單位
			T192～T199	100ms／單位(子程序、中斷用)
		T200～T245	T200～T245	10ms／單位
		T246～T249	T246～T249	1ms／單位(停電保持)
		T250～T255	T250～T255	100ms／單位(停電保持)
			T256～T511	1ms／單位

⬇ 表 2-2　FX₂N 與 FX₃U 可程式控制器元件一覽表(續)

元件名稱		編號		說明
		FX2N	FX3U	
計數器	C	C0～C99	C0～C99	16 位元上數
		C100～C199	C100～C199	16 位元上數(停電保持)
		C200～C219	C200～C219	32 位元可逆
		C220～C234	C220～C234	32 位元可逆(停電保持)
		C235～C245	C235～C245	32 位元高速可逆(1 相 1 計數)
		C246～C250	C246～C250	32 位元高速可逆(1 相 2 計數)
		C251～C255	C251～C255	32 位元高速可逆(2 相 2 計數)
資料暫存器	D	D0～D199	D0～D199	一般用暫存器(16 位元)
		D200～D511	D200～D511	停電保持用暫存器
			D512～D7999	停電保持用暫存器
		D8000～D8255	D8000～D8511	特殊用暫存器
索引暫存器	V	V0～V7	V0～V7	索引用(一般用或用於上 16 位元)
	Z	Z0～Z7	Z0～Z7	索引用(一般用或用於下 16 位元)
指標暫存器	P	P0～P127	P0～P4095	CJ 和 CALL 用
	I	I0□□～I8□□	I0□□～I8□□	中斷用指標,可分為輸入中斷和計時中斷。
常數	K			10 進制;主要用於計時器與計數器,即應用指令的數值附加。
	H			16 進制;主要用應用指令的數值指定。亦可用於計時器與計數器。

2-3　FX2N／FX3U PLC 基本指令使用方法

三菱 PLC 的基本指令說明如表 2-3。

表 2-3　三菱 FX2N／FX3U PLC 的基本指令

指令名稱	功能	適用元件	迴路表示
LD (Load)	演算開始之 a 接點	X,Y,M,S,T,C	
LDI (Load Inverse)	演算開始之 b 接點	X,Y,M,S,T,C	
OUT (Out)	驅動線圈	Y,M,S,T,C	
AND (And)	串聯連接 a 接點	X,Y,M,S,T,C	
ANI (And Inverse)	串聯連接 b 接點	X,Y,M,S,T,C	
OR (Or)	並聯連接 a 接點	X,Y,M,S,T,C	
ORI (Or Inverse)	並聯連接 b 接點	X,Y,M,S,T,C	
ANB (And Block)	並聯回路方塊間之串聯連接	--	
ORB (Or Block)	串聯回路方塊間之並聯連接	--	

表 2-3　三菱 FX2N／FX3U PLC 的基本指令(續)

指令名稱	功能	適用元件	迴路表示
MPS (Multi-point Push)	將分歧點的狀態推入堆疊區	--	MPS MRD MPP
MRD (Multi-point Read)	讀取堆疊區中上一次推入的分歧點狀態	--	
MPP (Multi-point Pop)	自堆疊區中將上一次推入的分歧點狀態取出	--	
MC (Master Control)	主控接點迴路開始	Y,M	MC N
MCR (Master Control Reset)	主控接點迴路解除	--	MCR N
SET (Set)	動作保持	Y,M,S	SET
RST (Reset)	動作保持解除	Y,M,S,T,C,D,V,Z,	RST
PLS (Pulse)	上緣微分輸出(維持一個掃描時間)	Y,M	PLS
PLF (Pulse Fall)	下緣微分輸出(維持一個掃描時間)	Y,M	PLF
NOP (No Operation)	無處理	--	NOP
END	程式結束	--	END

表 2-3　三菱 FX2N／FX3U PLC 的基本指令(續)

指令名稱	功能	適用元件	迴路表示
LDP	上緣微分檢出開始演算	X,Y,M,S,T,C	
LDF	下緣微分檢出開始演算	X,Y,M,S,T,C	
ANDP	串聯上緣微分檢出	X,Y,M,S,T,C	
ANDF	串聯下緣微分檢出	X,Y,M,S,T,C	
ORP	並聯上緣微分檢出	X,Y,M,S,T,C	
ORF	並聯下緣微分檢出	X,Y,M,S,T,C	
INV	將運算結果反相	--	

接下來說明各個基本指令的 LD 語法、IL 語法與簡易的範例，再搭配範例的時序圖，可以更清楚了解 PLC 的作動方式。

1.　**LD**：載入母線後的 a 接點。該元件的 ON／OFF 狀態即為節點狀態。

語法格式

LD 語法	IL 語法	說明
m1　節點	LD　　　m1	m1 為元件名稱(含編號)，其中元件可為 X、Y、M、T、C。

範例

階梯圖	指令表	時序圖
X0 ❶ (Y0)	LD　　　X0 OUT　　Y0	X0 Y0

如階梯圖，當載入 X0 接點後，節點移到❶，且節點❶的狀態與 X0 狀態的相同，此時 Y0 的狀態就取決於❶的 ON／OFF 狀態。

2.　**LDI**：載入母線後的 b 接點。該元件的 ON／OFF 狀態的反相即為節點狀態。

語法格式

LD 語法	IL 語法	說明
m1　節點	LDI　　　m1	m1 為元件名稱(含編號)，其中元件可為 X、Y、M、T、C。

範例

階梯圖	指令表	時序圖
X0 ❶ Y0	LDI　　X0 OUT　　Y0	X0 ON ON Y0 ON ON

如階梯圖,當載入 X0 接點後,節點移到❶,且節點❶的狀態為 X0 狀態的反相,此時 Y0 的狀態就取決於❶的 ON／OFF 狀態。

3. OUT：依節點狀態驅動輸出線圈。

語法格式

LD 語法	IL 語法	說明
m2 m1	OUT　　m1　　　[m2]	m1 為元件名稱(含編號),其中元件可為 Y、M、T、C。當元件為 T 或 C 時,需第二個參數 m2 做為設定值,可為常數值或資料暫存器 D 的值。

範例

階梯圖	指令表	時序圖
X0 ❶ Y0 K10 T0	LD　　　X0 OUT　　Y0 OUT　　T0　　　K10	X0 ON ON Y0 ON ON 1秒 T0

如階梯圖,當載入 X0 接點後,節點移到❶,且節點❶的狀態與 X0 狀態的相同,此時若節點❶的狀態為 ON,則 Y0 的狀態也為 ON,且 T0 開始計時 1 秒鐘,1 秒鐘後 T0 才為 ON。

4. AND：自節點串聯一個 a 接點元件。

語法格式

LD 語法	IL 語法	說明
m1	AND m1	m1 為元件名稱(含編號)，其中元件可為 X、Y、M、T、C。

範例

階梯圖	指令表	時序圖
X0 ❶ X1 ❷ (Y0)	LD X0 AND X1 OUT Y0	X0 ON ON X1 ON Y0 ON

如階梯圖，當載入 X0 接點後，節點移到❶，且節點❶的狀態與 X0 狀態的相同；接著節點❶的狀態與 X1 的狀態進行 AND 運算，運算結果移至節點❷。此時 Y0 的 ON／OFF 狀態會根據節點❷的狀態而定。

5. ANI：自節點串聯一個 b 接點元件。

語法格式

LD 語法	IL 語法	說明
m1	ANI m1	m1 為元件名稱(含編號)，其中元件可為 X、Y、M、T、C。

範例

階梯圖	指令表	時序圖
X0 ❶ X1 ❷ (Y0)	LD　　X0 ANI　　X1 OUT　　Y0	X0 X1 Y0

如階梯圖，當載入 X0 接點後，節點移到❶，且節點❶的狀態與 X0 狀態的相同；接著節點❶的狀態與 X1 的反相狀態進行 AND 運算，運算結果移至節點❷。此時 Y0 的 ON／OFF 狀態會根據節點❷的狀態而定。

6. OR：自節點並聯一個 a 接點元件

語法格式

LD 語法	IL 語法	說明
m1	OR　　m1	m1 為元件名稱(含編號)，其中元件可為 X、Y、M、T、C。

範例

階梯圖	指令表	時序圖
X0 ❶ X1 ❷ ❸ (Y0) X2	LD　　X0 AND　　X1 OR　　X2 OUT　　Y0	X0 X1 X2 Y0

如階梯圖，當載入 X0 接點後，節點移到❶，且節點❶的狀態與 X0 狀態的相同；接著節點❶的狀態與 X1 的狀態進行 AND 運算，運算結果移至節點❷。再接下來節點❷的狀態與 X2 的狀態進行 OR 運算，運算結果移至節點❸。此時 Y0 的 ON／OFF 狀態會根據節點❸的狀態而定。

7.　ORI：自節點並聯一個 b 接點元件。

語法格式

LD 語法	IL 語法	說明
m1　節點	OR　　m1	m1 為元件名稱(含編號)，其中元件可為 X、Y、M、T、C。

範例

階梯圖	指令表	時序圖
	LD　　X0 AND　　X1 ORI　　X2 OUT　　Y0	

如階梯圖，當載入 X0 接點後，節點移到❶，且節點❶的狀態與 X0 狀態的相同；接著節點❶的狀態與 X1 的狀態進行 AND 運算，運算結果移至節點❷。再接下來節點❷的狀態與 X2 的反相狀態進行 OR 運算，運算結果移至節點❸。此時 Y0 的 ON／OFF 狀態會根據節點❸的狀態而定。

8.　SET：強制元件為 ON，即使指定元件置位。

語法格式

LD 語法	IL 語法	說明
⊢[SET m1]	SET　　m1	m1 為元件名稱(含編號)，其中元件可為 Y、M。

範例

階梯圖	指令表	時序圖
X0 ❶ ─┤├─✕─[SET Y0]	LD　　X0 SET　　Y0	X0 ─ ON ─ ON Y0 ─ ON ─

如階梯圖，當載入 X0 接點後，節點移到❶，且節點❶的狀態與 X0 狀態的相同。此時一旦❶的狀態為 ON，則 Y0 的狀態便被強制設定為 ON 狀態，即使❶的狀態變為 OFF，Y0 的狀態仍維持為 ON。

9. RST：強制元件為 OFF，即使指定元件復位。

語法格式

LD 語法	IL 語法	說明
✕─[RST m1]	RST　　m1	m1 為元件名稱(含編號)，其中元件可為 Y、M、T、C。

範例

階梯圖	指令表	時序圖
X0 ❶ ─┤├─✕─[RST C0]	LD　　X0 RST　　C0	X0 ─ ON ─ ON C0 ─ ON ─

如階梯圖，當載入 X0 接點後，節點移到❶，且節點❶的狀態與 X0 狀態的相同。此時一旦❶的狀態為 ON，則 Y0 的狀態便被強制重置為 OFF 狀態。

10. ANB：兩個並聯方塊節點的串聯。

語法格式

LD 語法	IL 語法	說明
┤ x ├─┤ x ├	ANB	(無元件)

範例

階梯圖	指令表	時序圖
❷ ❹ X0❶ X1❸ ❺ ├┤├┤├─(Y2) Y0 Y1	LD X0 OR Y1 LD X1 OR Y1 ANB OUT Y2	X0 ON X1 ON Y0 ON Y1 ON Y2 ON

如階梯圖，載入 X0 接點後，節點移到❶，接著節點❶的狀態與 Y0 狀態進行 OR 運算，結果儲存至節點❷；載入 X1 接點後，節點移到❸，接著節點❸的狀態與 Y1 狀態進行 OR 運算，結果儲存至節點❹；節點❷的狀態和節點❹的狀態進行 AND 運算，運算結果移至節點❺。此時 Y2 的 ON／OFF 狀態會根據節點❺的狀態而定。如階梯圖，當載入 X0 接點後，節點移到❶，且節點❶的狀態與 X0 狀態的相同。此時一旦❶的狀態為 ON，則 Y0 的狀態便被強制重置為 OFF 狀態。

11. ORB：兩個串聯方塊節點的並聯。

語法格式

LD 語法	IL 語法	說明
┌─┤ x ├─┐ └─┤ x ├─┘	ORB	(無元件)

範例

階梯圖	指令表	時序圖
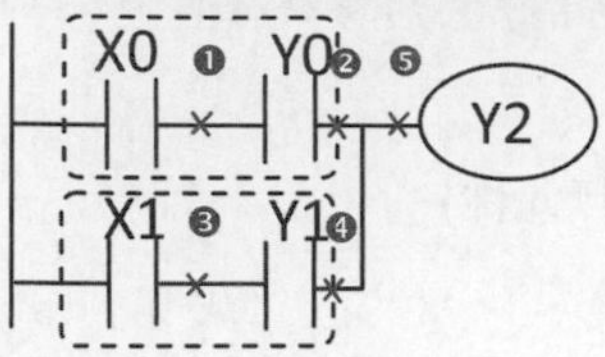	LD　　　X0 AND　　Y0 LD　　　X1 AND　　Y1 ORB OUT　　Y2	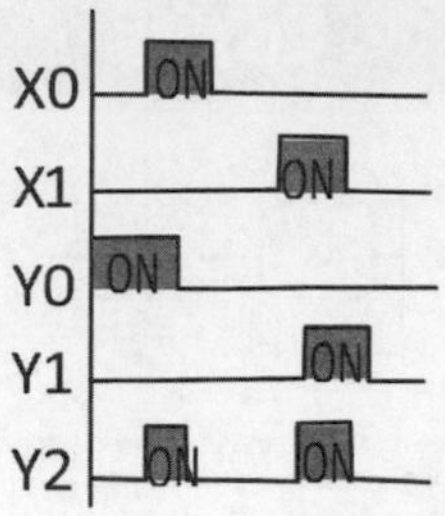

如階梯圖，載入 X0 接點後，節點移到❶，接著節點❶的狀態與 Y0 狀態進行 AND 運算，結果移到節點❷；載入 X1 接點後，節點移到❸，接著節點❸的狀態與 Y1 狀態進行 AND 運算，結果移到節點❹；節點❷的狀態和節點❹的狀態進行 OR 運算，運算結果移至節點❺。此時 Y2 的 ON ／OFF 狀態會根據節點❺的狀態而定。

12　MPS：將節點狀態推入堆疊中。

語法格式

LD 語法	IL 語法	說明
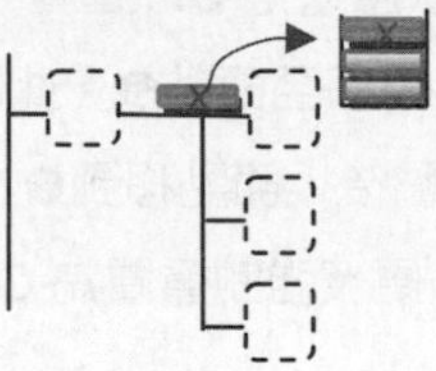	MPS	(無元件)

13. MRD：從堆疊中讀取節點狀態。

語法格式

LD 語法	IL 語法	說明
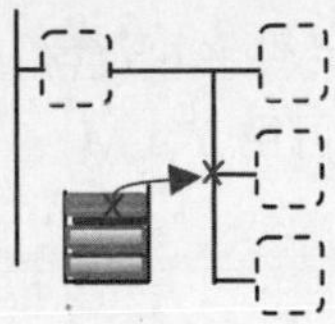	MRD	(無元件)

14. MPP：從堆疊中取出節點狀態。

語法格式

LD 語法	IL 語法	說明
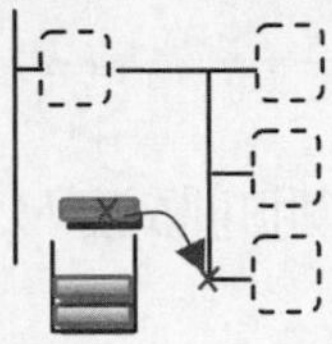	MPP	(無元件)

範例

階梯圖	指令表	時序圖
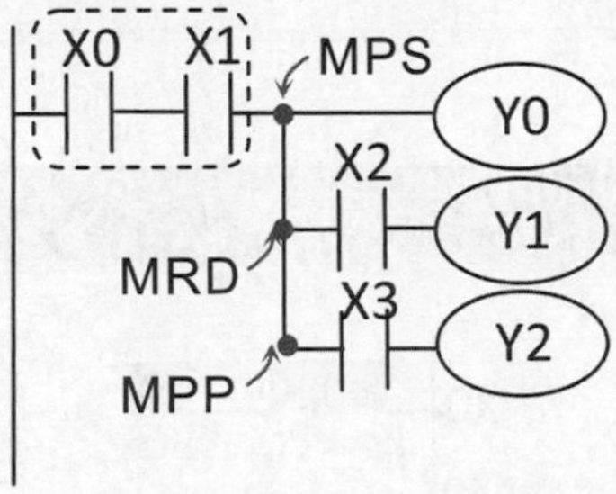	LD X0 AND X0 MPS OUT Y0 MRD AND X2 OUT Y1 MPP AND X3 OUT Y2	(無)

15. PLS：當節點有上緣微分輸入時，元件會產生一個掃描週期的脈波。

語法格式

LD 語法	IL 語法	說明
×—[PLS m1]	PLS　　m1	m1 為元件名稱(含編號)，其中元件可為 Y、M。

範例

階梯圖	指令表	時序圖
X0 —[PLS M0]　M —[SET Y0]	LD　　X0 PLS　　M0 LD　　M0 SET　　Y0	

16. PLF：當節點有下緣微分輸入時，元件會產生一個掃描週期的脈波。

語法格式

LD 語法	IL 語法	說明
×—[PLF m1]	PLF　　m1	m1 為元件名稱(含編號)，其中元件可為 Y、M。

範例

階梯圖	指令表	時序圖
X0 —[PLF M0]　M0 —[SET Y0]	LD　　X0 PLF　　M0 LD　　M0 SET　　Y0	

17. LDP：母線後之接點有上緣微分時，後方節點產生一掃描週期的 ON 狀態。

語法格式

LD 語法	IL 語法	說明
m1 ┤↑├ *	LDP　　m1	m1 為元件名稱(含編號)，其中元件可為 X、Y、M、T、C。

範例

階梯圖	指令表	時序圖
X0 ┤↑├ (M0)　M0 ┤├ [SET Y0]	LDP　　X0 OUT　　M0 LD　　　M0 SET　　Y0	X0 ON / ON M Y0 ON

18. LDF：母線後之接點有下緣微分時，後方節點產生一掃描週期的 ON 狀態。

語法格式

LD 語法	IL 語法	說明
m1 ┤↓├ *	LDF　　m1	m1 為元件名稱(含編號)，其中元件可為 X、Y、M、T、C。

範例

階梯圖	指令表	時序圖
X0 ┤↓├ (M0)　M0 ┤├ [RST Y0]	LDF　　X0 OUT　　M0 LD　　　M0 RST　　Y0	X0 ON M Y0 ON

19. ANDP：自節點處串聯一個上緣微分接點。

語法格式

LD 語法	IL 語法	說明
m1 ┤↑├	ANDP　m1	m1 為元件名稱(含編號)，其中元件可為 X、Y、M、T、C。

範例

階梯圖	指令表	時序圖
X0 X1 (M0)	LD　X0 ANDP　X1 OUT　M0	X0 X1 M0

20. ANDF：自節點處串聯一個下緣微分接點。

語法格式

LD 語法	IL 語法	說明
m1 ┤↓├	ANDF　m1	m1 為元件名稱(含編號)，其中元件可為 X、Y、M、T、C。

範例

階梯圖	指令表	時序圖
X0 X1 (M0)	LD　X0 ANDF　X1 OUT　M0	X0 X1 M0

21. ORP：自節點處並聯一個上緣微分接點。

語法格式

LD 語法	IL 語法	說明
m1	ORP m1	m1 為元件名稱(含編號)，其中元件可為 X、Y、M、T、C。

範例

階梯圖	指令表	時序圖
X0 X1 M0	LD X0 ORP X1 OUT M0	X0 ON ON X1 ON M0 ON ON

22. ORF：自節點處並聯一個下緣微分接點。

語法格式

LD 語法	IL 語法	說明
m1	ORF m1	m1 為元件名稱(含編號)，其中元件可為 X、Y、M、T、C。

範例

階梯圖	指令表	時序圖
X0 X1 M0	LD X0 ORF X1 OUT M0	X0 ON ON X1 ON M0 ON ON

23. INV：對節點狀態進行反相操作。

語法格式

LD 語法	IL 語法	說明
	INV	無相關元件。對 INV 前面的節點進行反相操作。

範例

階梯圖	指令表	時序圖
	LD　　X0 OUT　Y0 INV OUT　　Y1	

如階梯圖，當載入 X0 接點後，節點移到❶，節點❶的狀態與 X0 狀態的相同，Y0 的狀態會依據節點❶的狀態而定；接著執行 INV 指令，節點移到❷，且節點❷的狀態為節點❶狀態的反相，此時 Y1 的狀態會依據節點❷的狀態而定。

24. END：PLC 程式結束。

語法格式

LD 語法	IL 語法	說明
⊢[END]	END	(無元件)

範例

階梯圖	指令表	時序圖
X0 —[Y0]— —[END]—	LD　　X0 OUT　 Y0 END	X0 ON ON Y0 ON ON

2-4　FX2N／FX3U PLC 應用指令使用方法

　　前面小節已經說明了基本指令的用法，並透過節點的觀念了解 PLC 階梯圖的運作原理。在設計功能的需求不斷擴充的情況下，PLC 也發展了更多好用的應用指令供設計者達成設計的目標。本節將介紹使用應用指令的一般規定，及常用應用指令的用法。

 ### 2-4-1　應用指令的一般規定

一、指令及運算元

1.　指令說明

　　應用指令的的主要格式如下：

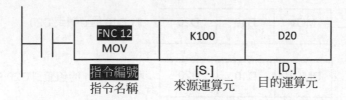

△圖 2-7　應用指令使用說明

其中

[S.] 代表來源(Source)運算元，當來源運算元超過一個時，則依[S1.]、[S2.]……依序增列。

[D.] 代表目的(Destination)運算元，當目的運算元超過一個時，則依 [D1.]、[D2.]……依序增列。

上圖中，若使用 PC 上的 PLC 程式編輯器(GX Developer)時，直接鍵入 "MOV K100 D10" 即可，但當以程式書寫器(HPP)輸入時，因受限於按鍵數量限制，則指令名稱須依功能的編號來輸入，圖 2-7 中 "FNC 12" 即為 MOV 指令的編號。

2. 運算元的對象元件

(1) 可使用 X、Y、M、S 等位元元件。

(2) 可將 X、Y、M、S 等位元元件組合，作為數值資料使用。

(3) 可使用資料暫存器 D、計時器 T、計數器 C 的現在值暫存器。

二、資料長度及指令執行格式

1. 16 位元及 32 位元

應用指令所進行的數值資料運算一般為 16 位元，若在應用指令名稱的前方加上字母 "D" (Double 的意思)，則該指令變為 32 位元的運算。如圖 2-8 說明 MOV 和 DMOV 的用法。

🔼 圖 2-8　應用指令使用說明

2.　連續執行及脈波執行

應用指令執行一般為連續執行，也就是每個掃描週期會執行該應用指令一次，但若要在應用指令當前方節點狀態由 OFF 變為 ON 時才執行，則可在應用指令名稱的後方加上字母 "P" (Pulse 的意思)，稱為脈波執行，如圖 2-9 所示。

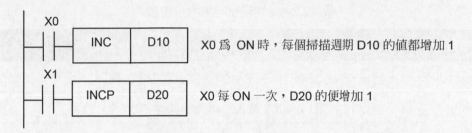

圖 2-9　應用指令之脈波執行

3.　位元元件(Bit Device)及字元元件(Word Device)

元件 X、Y、M 及 S 等僅能表示 ON／OFF 狀態，稱為位元元件；元件 T、C 及 D 等能表示數值資料，稱為字元元件。另一方面，透過將 X、Y、M 及 S 位元元件的組合，亦可用來表示成數值來處理。位元元件的組合表示成數值是以 4 個連續的位元元件為一組，例如：K2X0 表示 X0 算起 2x4=8 個元件，即表示 X0～X7，這在 PLC 的程式設計中是相當常用的做法，使用方式說明如圖 2-10。下面了例子表示當 X0～X7 任一接點 ON 或 OFF 時，Y0～Y7 對應編號的接點也會 ON 或 OFF。

圖 2-10　應用指令之位元元件使用

◆ 2-4-2 應用指令使用方法

三菱 PLC 的應用指令數目非常多，表 2-4 為僅針對常用的應用指令進行使用方法的說明。

 表 2-4　常用應用指令一覽表

指令分類	指令名稱(編號)	功能說明
接點比較指令	LD= (FNC 224)	載入母線後的條件判斷(相等)
	LD> (FNC 225)	載入母線後的條件判斷(大於)
	LD< (FNC 226)	載入母線後的條件判斷(小於)
	LD<> (FNC 228)	載入母線後的條件判斷(不等於)
	LD<= (FNC 229)	載入母線後的條件判斷(小於等於)
	LD>= (FNC 230)	載入母線後的條件判斷(大於等於)
	AND= (FNC 232)	自節點串聯一個條件判斷(等於)
	AND> (FNC 233)	自節點串聯一個條件判斷(大於)
	AND< (FNC 234)	自節點串聯一個條件判斷(小於)
	AND<> (FNC 236)	自節點串聯一個條件判斷(不等於)
	AND<= (FNC 237)	自節點串聯一個條件判斷(小於等於)
	AND>= (FNC 238)	自節點串聯一個條件判斷(大於等於)
	OR= (FNC 240)	自節點並聯一個條件判斷(相等)
	OR> (FNC 241)	自節點並聯一個條件判斷(大於)
	OR< (FNC 242)	自節點並聯一個條件判斷(小於)
	OR<> (FNC 244)	自節點並聯一個條件判斷(不等於)
	OR<= (FNC 245)	自節點並聯一個條件判斷(小於等於)
	OR>= (FNC 246)	自節點並聯一個條件判斷(大於等於)

表 2-4 常用應用指令一覽表(續)

指令分類	指令名稱(編號)	功能說明
程式流程指令	CJ (FNC 00)	有條件的跳躍
	CALL (FNC 01)	副程式呼叫。最大可到 5 層
	SRET (FNC 02)	副程式返回，在 FEND 後用
	FEND (FNC 06)	主程式結束
	FOR (FNC 08)	重複範圍開始
	NEXT (FNC 09)	重複範圍結束
傳送比較指令	CMP (FNC 10)	元件值比較
	ZCP (FNC 11)	比較[S1.]～[S2.]和[S.]→[D.]
	MOV (FNC 12)	資料搬移
	BCD (FNC 18)	將 BIN 的[S.]→BCD 的[D.]
	BIN (FNC 19)	將 BCD 的[S.]→BIN 的[D.]
四則運算指令	ADD (FNC 20)	加法運算
	SUB (FNC 21)	減法運算
	MUL (FNC 22)	乘法運算
	DIV (FNC 23)	除法運算
	INC (FNC 24)	加 1 運算
	DEC (FNC 25)	減 1 運算
旋轉位移指令	ROR (FNC 30)	對目標運算元作位元旋轉右移操作
	ROL (FNC 31)	對目標運算元作位元旋轉左移操作
	SFTR (FNC 34)	對目標運算元作位元右移操作
	SFTL (FNC 35)	對目標運算元作位元左移操作
資料處理指令	ZRST (FNC 40)	清除連續數個元件的內容
高速處理指令	PLSY (FNC 57)	以指定頻率輸出脈波
	PWM(FNC 58)	脈波寬度調變輸出

接下來說明應用指令的用法與範例。

一、接點比較指令

1. LD=：載入母線後的條件判斷(相等)。

語法格式

LD 語法	IL 語法	說明
`⊣ = m1 m2 ⊢──×`	LD=　　　m1　　　m2	m1、m2 為數值元件、位元元件組合或常數值。

範例

階梯圖	指令表	動作說明
`⊣ = D0 K0 ⊢──(Y0)`	LD=　　　D0　　　K0 OUT　　　Y0	當 D0 數值等於 0 時，Y0 線圈為 ON。

2. LD<：載入母線後的條件判斷(小於)。

語法格式

LD 語法	IL 語法	說明
`⊣ < m1 m2 ⊢──×`	LD<　　　m1　　　m2	m1、m2 為數值元件、位元元件組合或常數值。

範例

階梯圖	指令表	動作說明
< D0 K100 —[ ]—[ ]—(Y0)	LD<　　　D0　　　K100 OUT　　　Y0	當 D0 數值小於 100 時，Y0 線圈為 ON。

3. LD<=：載入母線後的條件判斷(小於等於)。

語法格式

LD 語法	IL 語法	說明
<=m1 m2 —[ ]—[ ]—×	LD<=　　　m1　　　m2	m1、m2 為數值元件、位元元件組合或常數值。

範例

階梯圖	指令表	動作說明
<= D0 K100 —[ ]—[ ]—(Y0)	LD<=　　　D0　　　K100 OUT　　　Y0	當 D0 數值小於等於 100 時，Y0 線圈為 ON。

4. LD>：載入母線後的條件判斷(大於)。

語法格式

LD 語法	IL 語法	說明
>m1 m2 —[ ]—[ ]—×	LD>　　　m1　　　m2	m1、m2 為數值元件、位元元件組合或常數值

範例

階梯圖	指令表	動作說明
> D0 K100 ─┤├──(Y0)	LD> D0 K100 OUT Y0	當 D0 數值大於 100 時，Y0 線圈為 ON。

5. LD>=：載入母線後的條件判斷(大於等於)。

語法格式

LD 語法	IL 語法	說明
>=m1 m2 ─┤├──×	LD>= m1 m2	m1、m2 為數值元件、位元元 件組合或常數值。

範例

階梯圖	指令表	時序圖
>= D0 K0 ─┤├──(Y0)	LD>= D0 K0 OUT Y0	當 D0 數值大於等於 0 時，Y0 線圈為 ON。

6. LD<>：載入母線後的條件判斷(不等於)。

語法格式

LD 語法	IL 語法	說明
<>m1 m2 ─┤├──×	LD<> m1 m2	m1、m2 為數值元件、位元元 件組合或常數值。

範例

階梯圖	指令表	動作說明
⊣ <> D0 K0 ⊢───(Y0)	LD<>　　D0　　K0 OUT　　Y0	當 D0 數值不等於 0 時，Y0 線圈為 ON。

7. OR=：自節點並聯一個條件判斷(相等)。

語法格式

LD 語法	IL 語法	說明
=m1 m2	OR=　　m1　　m2	m1、m2 為數值元件、位元元件組合或常數值。

範例

階梯圖	指令表	動作說明
X0　　X1 ⊣ ⊢─⊣ ⊢──(Y0) = D0 K0	LD　　　X0 AND　　X1 OR=　　D0　　K0 OUT　　Y0	當同時按下 X0 與 X1，或 D0 數值等於 0 時，Y0 線圈為 ON。

8. OR<：自節點並聯一個條件判斷(小於)。

語法格式

LD 語法	IL 語法	說明
< m1 m2	OR<　　m1　　m2	m1、m2 為數值元件、位元元件組合或常數值。

範例

階梯圖	指令表	動作說明
X0　X1 ┤├──┤├──(Y0) < D0 K100 ┤├	LD　　　X0 AND　　X1 OR<　　D0　　K100 OUT　　Y0	當同時按下 X0 與 X1，或 D0 數值小於 100 時，Y0 線圈為 ON。

9.　OR<=：自節點並聯一個條件判斷(小於等於)。

語法格式

LD 語法	IL 語法	說明
┌─────┐* ┤├ <=m1　m2 ┤├──┤	OR<=　　　m1　　　m2	m1、m2 為數值元件、位元元件組合或常數值。

範例

階梯圖	指令表	動作說明
X0　X1 ┤├──┤├──(Y0) <= D0 K100 ┤├	LD　　　X0 AND　　X1 OR<=　　D0　　K100 OUT　　Y0	當同時按下 X0 與 X1，或 D0 數值小於等於 100 時，Y0 線圈為 ON。

10.　OR>：自節點並聯一個條件判斷(大於)。

語法格式

LD 語法	IL 語法	說明
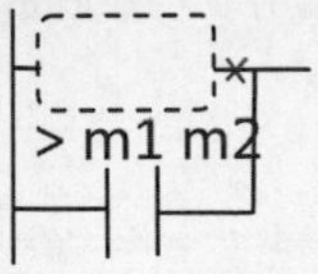 > m1 m2	OR>　　m1　　m2	m1、m2 為數值元件、位元元件組合或常數值。

範例

階梯圖	指令表	動作說明
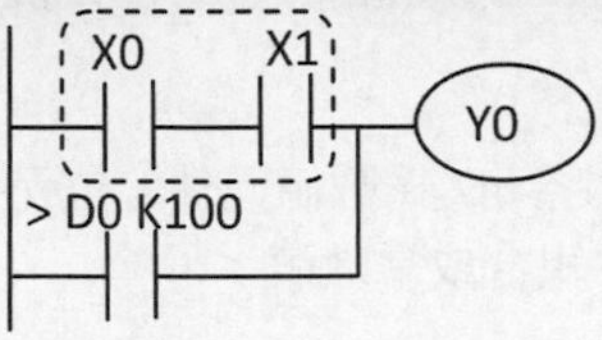 X0　X1　(Y0)　> D0 K100	LD　　　X0 AND　　X1 OR>　　D0　　K100 OUT　　Y0	當同時按下 X0 與 X1，或 D0 數值大於 100 時，Y0 線圈為 ON。

11.　OR>=：自節點並聯一個條件判斷(大於等於)。

語法格式

LD 語法	IL 語法	說明
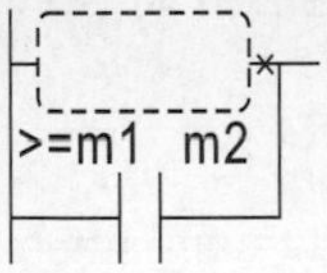 >=m1 m2	OR>=　　m1　　m2	m1、m2 為數值元件、位元元件組合或常數值。

範例

階梯圖	指令表	動作說明
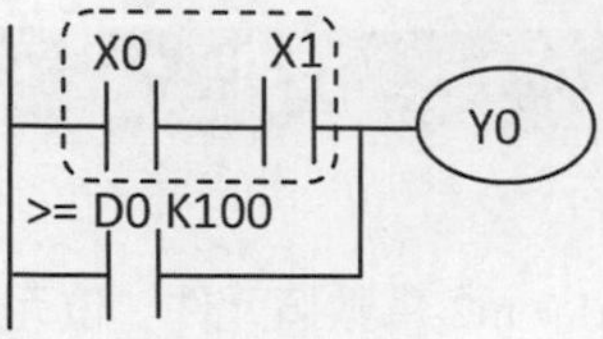	LD　　　　X0 AND　　　X1 OR>=　　　D0　　　K100 OUT　　　Y0	當同時按下 X0 與 X1，或 D0 數值大於等於 100 時，Y0 線圈為 ON。

12. OR<>：自節點並聯一個條件判斷(不等於)。

語法格式

LD 語法	IL 語法	說明
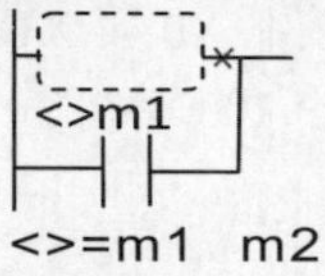	OR<>　　　m1　　　m2	m1、m2 為數值元件、位元元件組合或常數值。

範例

階梯圖	指令表	動作說明
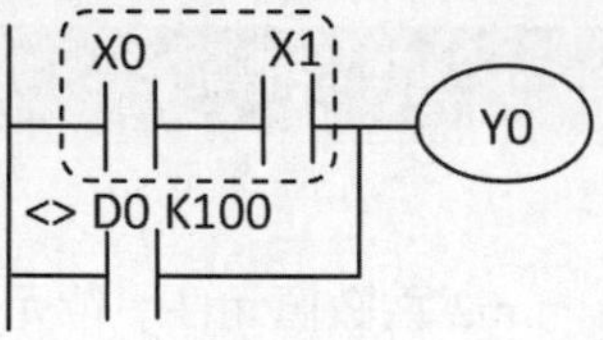	LD　　　　X0 AND　　　X1 OR<>　　　D0　　　K100 OUT　　　Y0	當同時按下 X0 與 X1，或 D0 數值不等於 0 時，Y0 線圈為 ON。

13. AND=：自節點串聯一個條件判斷(等於)。

語法格式

LD 語法	IL 語法	說明
= m1 m2	AND=　　m1　　m2	m1、m2 為數值元件、位元元件組合或常數值。

範例

階梯圖	指令表	動作說明
X0　= D0 K0　(Y0)	LD　　　X0 AND=　　D0　　　K0 OUT　　　Y0	當按下 X0 且 D0 等於 0 時，Y0 線圈為 ON。

14. AND<：自節點串聯一個條件判斷(小於)。

語法格式

LD 語法	IL 語法	說明
< m1 m2	AND<　　m1　　m2	m1、m2 為數值元件、位元元件組合或常數值。

範例

階梯圖	指令表	動作說明
X0　< D0 K100　(Y0)	LD　　　X0 AND<　　D0　　　K100 OUT　　　Y0	當按下 X0 且 D0 小於 100 時，Y0 線圈為 ON。

15. AND<=：自節點串聯一個條件判斷(小於等於)。

語法格式

LD 語法	IL 語法	說明
<= m1 m2	AND<= m1 m2	m1、m2 為數值元件、位元元件組合或常數值。

範例

階梯圖	指令表	動作說明
X0 <= D0 K100 —(Y0)	LD X0 AND<= D0 K100 OUT Y0	當按下 X0 且 D0 小於等於 100 時，Y0 線圈為 ON。

16. AND>：自節點串聯一個條件判斷(大於)。

語法格式

LD 語法	IL 語法	說明
> m1 m2	AND> m1 m2	m1、m2 為數值元件、位元元件組合或常數值。

範例

階梯圖	指令表	動作說明
X0 > D0 K100 —(Y0)	LD X0 AND> D0 K100 OUT Y0	當按下 X0 且 D0 大於 100 時，Y0 線圈為 ON。

17. AND>=：自節點串聯一個條件判斷(大於等於)。

語法格式

LD 語法	IL 語法	說明
>=　m1 m2	AND>=　　m1　　　m2	m1、m2 為數值元件、位元元件組合或常數值。

範例

階梯圖	指令表	動作說明
X0　>= D0 K100　Y0	LD　　　　X0 AND>=　　D0　　　　K100 OUT　　　Y0	當按下 X0 且 D0 大於等於 100 時，Y0 線圈為 ON。

18. AND<>：自節點串聯一個條件判斷(不等於)。

語法格式

LD 語法	IL 語法	說明
<>　m1 m2	AND<>　　m1　　　m2	m1、m2 為數值元件、位元元件組合或常數值。

範例

階梯圖	指令表	時序圖
X0　<> D0 K100　Y0	LD　　　　X0 AND<>　　D0　　　　K100 OUT　　　Y0	當按下 X0，且 D0 不等於 100 時，Y0 線圈為 ON。

二、程式流程指令

1. FNC00-CJ：跳躍指令。主要用來隔開部分程式，可縮短掃描時間。

語法格式

LD 語法	IL 語法	說明
×─[CJ　m1]	CJ　　m1	程式跳至 m1 所指定的標籤位置後繼續執行。標籤 m1 可為 P0、P1、P2…。

2. FNC01-CALL、FNC02-SRET、FNC06-FEND：副程式呼叫與返回指令。CALL 為呼叫副程式、SRET 為結束副程式、FEND 為結束主程式。

語法格式

LD 語法	IL 語法	說明
×─[CALL m1]	CALL　　m1	程式跳至 m1 所指定的標籤位置後繼續執行。標籤 m1 可為 P0、P1、P2…。
├─[SRET]	SRET	副程式的結尾，程式執行到 SRET 後，會返回原主程式呼叫該副程式的次一行指令。
├─[FEND]	FEND	主程式的結尾。副程式會規劃在 FEND 後方撰寫。

3. FOR、NEXT：迴圈指令。FNC08-FOR 為迴圈的開始，FNC09-NEXT 為迴圈的結尾，迴圈次數設定在 FOR 後的元件裡。

語法格式

LD 語法	IL 語法	說明
┤─[FOR m1]	FOR m1	迴圈開始，且迴圈次數設為 m1 次。符號 m1 可為數值元件或常數值。
┤─[NEXT]	NEXT	迴圈的結尾。

三、傳送比較指令

1. FNC10-CMP：數值比較運算。

語法格式

LD 語法	IL 語法	說明
⊬[CMP m1 m2 m3]	CMP m1 m2 m3	m1 與 m2 進行數值大小的比較，其中 m1、m2 可為數值元件、位元元件組合或常數值，m3 元件可為 M 和 Y。執行時，m3 會佔用 3 個連續的元件。假設 m3 設為 M_n，則結果如下： (1) 當 m1>m2 時，則 M_n 為 ON。 (2) 當 m1=m2 時，則 M_{n+1} 為 ON。 (3) 當 m1<m2 時，則 M_{n+2} 為 ON。

範例

階梯圖	指令表	動作說明
X0 ┤├[CMP D0 D1 Y0]	LD　　X0 CMP　D0　D1　Y0	當按下 X0 時，D0 和 D1 進行數值之比較， (1) 當 D0>D1 時，則 Y0 為 ON。 (2) 當 D0=D1 時，則 Y1 為 ON。 (3) 當 D0<D1 時，則 Y2 為 ON。

2.　FNC11-ZCP：區域範圍比較運算。

語法格式

LD 語法	IL 語法	說明
⊀[ZCP m1 m2 m3 m4]	ZCP　m1　m2　m3　m4	m3 與區間範圍[m1, m2]進行比較，其中 m1、m2、m3 可為數值元件、位元元件組合或常數值，m4 元件可為 M 和 Y。執行時，m4 會佔用 3 個連續的元件。假設 m4 設為 Mn，則結果如下： (1) 當 m1>m3 時，則 Mn 為 ON。 (2) 當 m1<=m3<=m2 時，則 Mn+1 為 ON。 (3) 當 m3<m2 時，則 Mn+2 為 ON。

範例

階梯圖	指令表	動作說明
X0 ┤├[ZCP D0 D1 K5 Y0]	LD　　X0 ZCP　D0　D1　K5　Y0	當按下 X0 時，D0 和 D1 進行數值之比較， (1) 當 D0>K5 時，則 Y0 為 ON。 (2) 當 D0<=K5<=D1 時，則 Y1 為 ON。 (3) 當 D1<K5 時，則 Y2 為 ON。

3. FNC12-MOV：資料搬移。

語法格式

LD 語法	IL 語法	說明
⊣⊢[MOV m1 m2]	MOV　　m1　　m2	m1 資料搬移至 m2。m1、m2 元件可為數值元件、位元元件組合或常數值。但 m2 不可為 X 的組合元件與常數值。

範例

階梯圖	指令表	動作說明
X0 ⊣ ⊢[MOV K10 D0]	LD　　　X0 MOV　　K10　　D0	當按下 X0 時，D0 數值設定為 10。
X0 ⊣ ⊢[MOV D0 K2Y0]	LD　　　X0 MOV　　D0　　K2Y0	當按下 X0 時，D0 暫存器中的數值會以二進制存放再 Y7～Y0。例如：D0=23，則 Y7～Y0 分別為 00010111。

4. FNC18-BCD：以 4 個位元為一組的二進制來表示一個十進制值。

語法格式

LD 語法	IL 語法	說明
⊣[BCD m1 m2]	BCD　　m1　　m2	m1 資料搬移至 m2，其中 m2 是以 BCD 的格式來儲存。m1、m2 元件可為數值元件、位元元件組合或常數值。但 m2 不可為 X 的組合元件與常數值。

範例

階梯圖	指令表	動作說明
X0 ┤├─┤ BCD D0 K2Y0]—	LD　　　X0 BCD　　D0　　　K2Y0	當按下 X0 時，D0 暫存器中的數值會以兩組 4 個位元的 Y 元件(即 Y7～Y4 和 Y3～Y0)用二進制來表示。例如：D0=23，則 Y7 ～ Y0 分別為(0010)(0011)。

5. FNC19-BIN：PLC 的外部輸入以 4 個位元為一組的二進制格式來設定輸入 BCD 值。

語法格式

LD 語法	IL 語法	說明
─×─[BIN m1 m2]—	BIN　　　m1　　　m2	m1 資料搬移至 m2，其中 m1 是以 BCD 的格式來輸入。m1、m2 元件可為數值元件、位元元件組合或常數值。但 m2 不可為 X 的組合元件與常數值。

範例

階梯圖	指令表	動作說明
M8000 ┤├─┤ BIN K2X0 D0]—	LD　　　M8000 BIN　　K2X0　　　D0	程式執行時，D0 暫存器中的數值會隨 X0～X7 的輸入狀態而定。例如：欲設定 D0=23，則 X7～X0 的 ON／OFF 狀態須設定為(0010)(0011)。

四、四則運算指令

1. FNC 20-ADD：加法運算。

語法格式

LD 語法	IL 語法	說明
⊣[ADD m1 m2 m3]	ADD　　m1　　m2　　m3	m3=m1+ m2。 m1、m2、m3 元件可為數值元件、位元元件組合或常數值。但 m3 不可為 X 的組合元件與常數值。

範例

階梯圖	指令表	動作說明
X0 ⊣├─[ADD K5 D0 D1]	LD　　X0 ADD　　K5　　D0　　D1	當按下 X0 時，D1=5+D0。

2. FNC 21-SUB：減法運算。

語法格式

LD 語法	IL 語法	說明
⊣[SUB m1 m2 m3]	SUB　　m1　　m2　　m3	m3=m1−m2 m1、m2、m3 元件可為數值元件、位元元件組合或常數值。但 m3 不可為 X 的組合元件與常數值。

範例

階梯圖	指令表	動作說明
X0 ⊢ ⊢ [SUB K5 D0 D1]	LD　　X0 SUB　K5　　D0　　D1	當按下 X0 時，D1=5-D0。

3.　FNC 22-MUL：乘法運算。

語法格式

LD 語法	IL 語法	說明
⊬[MUL m1 m2 m3]	MUL　　m1　　m2　　m3	m1 與 m2 相乘的運算。 m1、m2、m3 元件可為數值元件、位元元件組合或常數值。但 m3 不可為 X 的組合元件與常數值。 運算時，假設 m3 為 D_n，則運算後會佔用連續兩個 16 位元的元件$(D_{n+1})(D_n)$。

範例

階梯圖	指令表	動作說明
X0 ⊢ ⊢ [MUL K5 D0 D1]	LD　　X0 MUL　K5　　D0　　D1	當按下 X0 時，D1=5*D0(假設 D1<65536)。

4. FNC 23-DIV：除法運算。

語法格式

LD 語法	IL 語法	說明
⊁[DIV m1 m2 m3]	DIV m1 m2 m3	m1 除以 m2 的運算。 m1、m2、m3 元件可為數值元件、位元元件組合或常數值。但 m3 不可為 X 的組合元件與常數值。 運算時，假設 m3 為 D_n，則運算後會佔用連續兩個 16 位元的元件$(D_{n+1})(D_n)$，其中 D_n 為商，D_{n+1} 為餘數。

範例

階梯圖	指令表	動作說明
X0 ┤├[DIV K5 D0 D1]	LD X0 DIV K5 D0 D1	當按下 X0 時，D1=5／D0 的商，D2 為餘數。

5. FNC 24-INC：加 1 運算。

語法格式

LD 語法	IL 語法	說明
⊁[INC m1]	INC m1	m1=m1+1。 m1 可為數值元件、位元元件組合，但不可為 X 的組合元件。

範例

階梯圖	指令表	動作說明
X0 ┤↑├─[INC D0]	LDP　　X0 INC　　D0	每按下一次 X0，D0 暫存器的值增加 1。 16 位元最大值為 32767，若再加 1，則值變為－32768。

6. FNC 25-DEC：減 1 運算。

語法格式

LD 語法	IL 語法	說明
⊣[DEC　m1]	DEC　　m1	m1=m1－1。 m1 可為數值元件、位元元件組合，但不可為 X 的組合元件。

範例

階梯圖	指令表	動作說明
X0 ┤↑├─[DEC D0]	LDP　　X0 DEC　　D0	每按下一次 X0，D0 暫存器的值減 1。 16 位元最小值為－32768，若再減 1，則值變為 32767。

五、旋轉位移指令

1. FNC 30-ROR：右旋轉。

語法格式

LD 語法	IL 語法		說明
⊣[ROR m1]	ROR　　m1　　　m2		m1 為欲右旋轉的元件編號。 m2 為一次旋轉的位元數。

範例

階梯圖	指令表	動作說明
X0 ⊢│↑│─[ROR K2Y0 K2]	LDP　　X0 ROR　　K2Y0　　K2	X0 每 ON 一次，Y7～Y0 的狀態會往右移 2 個位元。而最右邊 2 個位元則會移到最左邊。例如： 假設 Y7～Y0=11110000， 則 X0 第一次 ON 後， Y7～Y0=00111100；X0 第二次 ON 後，Y7～Y0=00001111。

2. FNC 31-ROL：左旋轉。

語法格式

LD 語法	IL 語法	說明
×─[ROL m1 m2]	ROL　　m1　　　m2	m1 為欲左旋轉的元件編號。 m2 為一次旋轉的位元數。

範例

階梯圖	指令表	動作說明
X0 ⊢│↑│─[ROL K2Y0 K2]	LDP　　X0 ROL　　K2Y0　　K2	X0 每 ON 一次，Y7～Y0 的狀態會往左移 2 個位元。而最右邊 2 個位元則會移到最右邊。例如： 假設 Y7～Y0=11110000， 則 X0 第一次 ON 後， Y7～Y0=11000011；X0 第二次 ON 後，Y7～Y0=00001111。

3.　FNC34-SFTR：目標運算元進行位元右移運算。

語法格式

LD 語法	IL 語法	說明
⊶[SFTR m1 m2 m3 m4]	SFTR　m1　m2　m3　m4	m1 為來源元件， m2 為目標元件，m3 表示目標元件 m2 連續元件的數目，m4 表每次右移的位數。

範例

階梯圖	指令表	動作說明
X0 ┤↑├[SFTR X1 M0 K8 K2]	LDP　　X0 SFTR　X1　M0　K8　K2	每按一下 X0 時，M7～M0 元件的位元內容會向右移 2 個位元，而空下的 M7 和 M6 則會存放當下 X2 和 X1 的內容。

4.　FNC35-SFTL：目標運算元進行位元左移運算。

語法格式

LD 語法	IL 語法	說明
⊶[SFTL m1 m2 m3 m4]	SFTL　m1　m2　m3　m4	m1 為來源元件， m2 為目標元件，m3 表示目標元件 m2 連續元件的數目，m4 表每次左移的位數。

範例

階梯圖	指令表	動作說明
X0 ┤↑├[SFTL X1 M0 K8 K2]	LDP　　X0 SFTL　X1　M0　K8　K2	每按一下 X0 時，M7～M0 元件的位元內容會向左移 2 個位元，而空下的 M1 和 M0 則會存放當下 X2 和 X1 的內容。

六、資料處理指令

1. FNC40-ZRST：強制區間元件為 OFF。

語法格式

LD 語法	IL 語法	說明
⊣[ZRST m1 m2]	ZRST　m1　m2	m1、m2 為元件名稱(含編號)，其中元件可為 Y、M、T、C、D。

範例

階梯圖	指令表	動作說明
X0 ⊣├┤[ZRST Y0 Y5]	LD　　X0 ZRST　Y0　Y5	當按下 X0 時，Y0、Y1、Y4、Y5 全部皆復歸。

七、高速處理指令

1. FNC 57- PLSY ：脈波輸出。

語法格式

LD 語法	IL 語法	說明
⊣[PLSY m1 m2 m3]	PLSY　m1　m2　m3	m1 表脈波速度，範圍為 2～20kHz。 m2 為指定送出的脈波數目，範圍為 1～32,767 (使用 16 位元指令)或 1～2,147,483,647 (使用 32 位元指令)。 m3 為指定的脈波輸出腳位，僅能為 Y0 或 Y1，且必須為電晶體輸出。

範例

階梯圖	指令表	動作說明
X0 ─┤ ├─[PLSY K10 K100 Y0]	LD　　X0 PLSY　K100　K10　Y0	當按下 X0 時，Y0 送出頻率為 100Hz，數目為 10 的脈波輸出。

2.　FNC 58-PWM：脈波寬度調變。

語法格式

LD 語法	IL 語法	說明
─×─[PWM m1 m2 m3]	PWM　m1　m2　m3	m1 表脈波寬度，範圍為 0～32767ms。 m2 表脈波週期，範圍為 1～32767ms。 m3 為指定的脈波輸出腳位，僅能為 Y0 或 Y1，且必須為電晶體輸出。 m3 ⊓＿⊓＿⊓ （m1/m2）

範例

階梯圖	指令表	時序圖
X0 ─┤ ├─[PWM K10 K100 Y0]	LD　　X0 PWM　K10　K100　Y0	當按下 X0 時，Y0 送出週期為 100ms，佔空比為 10% (=10／100)的週期性脈波輸出。 Y0m ⊓＿⊓＿⊓ 10ms／100ms

課後練習

一、選擇題

(　　) 1. 三菱 FX 型 PLC 一個電晶體輸出點容許的輸出電壓是多少？
(A)DC3V　(B)DC5V　(C)DC30V　(D)AC110V。

(　　) 2. 三菱 FX 型繼電器型 PLC 輸出點中，繼電器一個點最大的通過電流是多少？　(A)2A　(B)1A　(C)200 mA　(D)300 mA。

(　　) 3 FX 系列 PLC 中，T200 的計時單位是多少？
(A)1 sec　(B)100 ms　(C)10ms　(D)1ms。

(　　) 4. FX 系列 PLC 中-|↑|-，表示什麼指令？
(A)下降緣　(B)上升緣　(C)輸入有效　(D)輸出有效。

(　　) 5. 三菱 PLC 中，M8002 有什麼功能？
(A)置位功能　(B)復位功能　(C)連續脈波　(D)初始化功能。

(　　) 6. 以下何者不能做為 PLC 的 OUT 指令的元件？
(A)輸入繼電器　(B)輸出繼電器　(C)輔助繼電器　(D)計數器。

(　　) 7. FX2N-32MT 型 PLC 的輸出是一種　(A)電晶體輸出　(B)繼電器輸出　(C)固態繼電器輸出　(D)混合輸出。

(　　) 8. FX2N-32MR 型 PLC 輸出端的 COM 接點必須電源的
(A)正極　(B)負極　(C)正負極皆可　(D)浮接。

(　　) 9. FX 系列 PLC 中，T50 的計時單位是多少？
(A)500 ms　(B)100 ms　(C)50ms　(D)10 ms。

(　　) 10. FX 系列 PLC 中，RST 表示什麼指令？
(A)下降緣　(B)上升緣　(C)復位　(D)輸出有效。

(　　) 11. 三菱 PLC 中，M8012 有什麼功能？
(A)置位功能　(B)復位功能　(C)連續脈波　(D)初始化功能。

( ) 12. 一般而言，FX 系列 PLC 的 AC 輸入電源電壓範圍是多少？
(A)DC24V　(B)AC85-264V　(C)DC12-30V　(D)AC110-380V。

( ) 13. FX2N-32MR 型 PLC 的輸出是一種？
(A)電晶體　(B)繼電器　(C)固態繼電器　(D)混合輸出。

( ) 14. FX2N-32MT 型 PLC 輸出端的 COM 接點必須電源的
(A)正極　(B)負極　(C)正負極皆可　(D)浮接。

( ) 15. 以下關於 PLC 的敘述，何者正確？
(A)PLC 的輸出繼電器只能由內部指令驅動，而不能直接由外部信號
驅動
(B)PLC 的輸入繼電器能由內部指令驅動，也能直接由外部信號驅動
(C)PLC 的輔助繼電器可供內部程式使用，也可供外部輸出使用。
(D)PLC 的計數器只能直接由外部輸入計數，而不能由內部指令驅動
計數。

二、將下列階梯圖轉換為指令表

1.

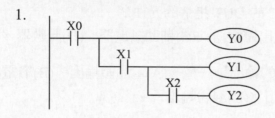

2.

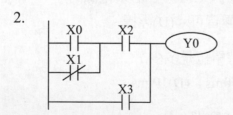

3.

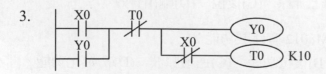

4.
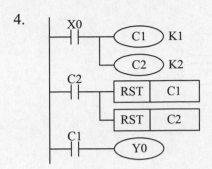

5.
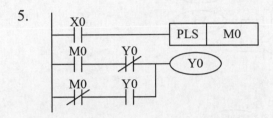

6.
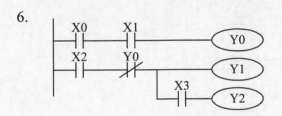

7.
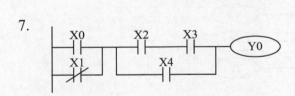

8.
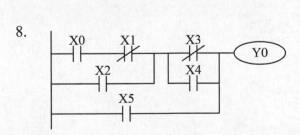

9.

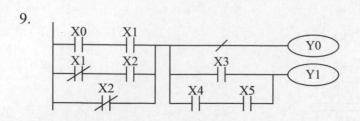

10.

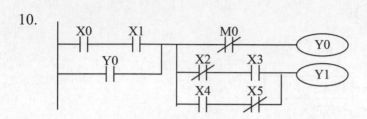

11.

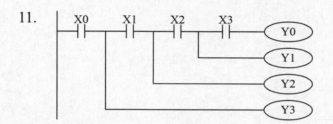

12.

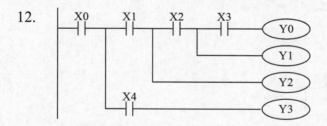

13.

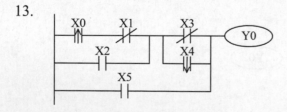

Chapter 3

isPLC 概述

　　isPLC 是創易自動化科技所設計的微型 PLC，相對於三菱 FX 系列，isPLC 也是一台 PLC，但它是一台輕量級 PLC。儘管是輕量級，但它可謂麻雀雖小，卻五臟俱全，而且使用上非常簡便，甚至比一般基本 PLC 多支援了類比輸入的功能，同時亦包含了 2 隻支援 PWM 輸出的腳位。

　　isPLC 系列目前有兩款微型 PLC：isPLC-Duino 和 isPLC-Nano。其中 isPLC-Nano 是基於 Arduino UNO 相容的硬體平台，它的尺寸與 Arduino UNO 相同，即大小為長 70mm×寬 54mm，因此市場上針對 Arduino UNO 所設計的週邊擴充元件，就硬體而言，大致上均可直接套用在 isPLC-Duino 控制板上，但是能否直接應用，則須依賴 isPLC 的指令與功能是否支援而定，至於 isPLC-Nano 則是 Arduino Nano 相容的硬體平台，大小為長 43mm×寬 18mm。

　　isPLC-Duino 和 isPLC-Nano 的電器規格說明如下：

1. MCU：ATmega328, 8 位元。

2. 時脈：16MHz

3. Flash Memory：32kB，用以儲存 isPLC 的解譯器核心。

4. SRAM：2kB，做為 isPLC 運行時的變數儲存區。

5. EEPROM：1kB，用來儲存 isPLC 的順序控制指令。

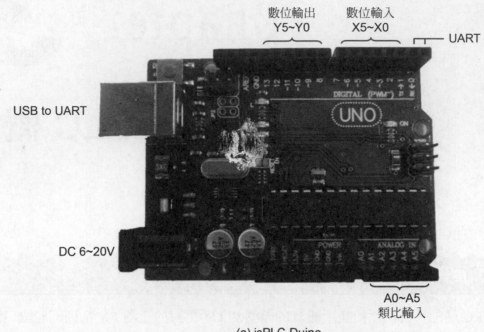

(a) isPLC-Duino

(b) isPLC-Nano

⬆ 圖 3-1　isPLC 的外觀

6. 外部供電：接上 USB 時無須外部供電，可直接進行 isPLC 程式的讀／寫與 isPLC 狀態的監控；亦可由外部輸入供給 DC 電壓。

7. 輸入腳位：輸入腳位端內部設計提升電阻，因此輸入腳位不需供電。

8. 輸出腳位：輸出腳位為 5V DC，輸出電流 40mA，總輸出電流約 200mA。

9. 類比輸入：電壓輸入範圍 5V，解析度 10 位元。

10. PWM 輸出：輸出電壓 5V，解析度上限至 65535。

　　另外，isPLC-Duino 控制板上有 3 個 GND 腳位，可做為輸入／輸出接點的 COM 接點；isPLC-Duino 控制板上亦各有 1 個 3.3V 和 5V 的電壓供使用者運用。

表 3-1 列出 isPLC-Duino 和 isPLC-Nano 的一般規格表。

表 3-1　isPLC 的一般規格

項目			isPLC-Duino／isPLC-Nano
電源供給			USB(5V)或外部 7V～12V DC。
控制方式			程式儲存，循環掃描方式。
程式語言			指令表、階梯圖。
程式容量			800 Bytes
指令數目		基本指令	24 個。均與三菱 PLC 的基本指令相同。
		應用指令	25 個。
		步進指令	2 個。STL 和 RET。(韌體版本 1.2.0 以後支援)
		特殊指令	4 個。爲 isPLC 專用指令。
位元元件	X	DI(數位輸入)點	X0～X5 (共 6 點)。
	Y	DO(數位輸出)點	Y0～Y5 (共 6 點)，其中 Y1 和 Y2 亦可做爲 PWM 的輸出腳位。
	M	內部輔助繼電器	M0～M49 (共 50 點)。
		特殊輔助繼電器	M8000(運轉即爲 ON) M8002(開機產生一個脈波) M8013(週期 1 秒之連續脈波)
	T	計時器(Timer)	T0～T19 (共 20 點)，計時單位 100ms。
	C	計數器(Counter)	C0～C19 (共 20 點)。
	S	狀態繼電器	S0～S19。做爲 SFC 的步進狀態點。
數值元件	D	16 位元資料暫存器	D0～D29 (共 30 點)。
	A	10 位元類比輸入點	A0～A5 (isPLC-Duino 共 6 點)。 A0～A7 (isPLC-Nano 共 8 點)
通訊介面		RS232	通訊速率 3.84kbps

　　isPLC 目前支援的 PLC 語法爲 IL(指令表)和 LD(階梯圖)兩種。單以使用成本來比較，一台三菱小型 PLC 的花費近萬元，但一台 isPLC 則不到千元，對於初學者來說，它可以在幾近無負擔的情況下學習到三菱 PLC 的基本語法。此外，對於一些小型的順序控制規劃，都可以透過 isPLC 來完成，可以大幅降低使用市售 PLC 控制器的成本。

3-2　isPLC 的一般指令

1. 基本指令－均與三菱 PLC 語法相同，支援基本指令如表 3-2。

表 3-2　isPLC 的基本指令

指令名稱與說明		isPLC kernel (ver.1.2.0)
指令	功能說明	isPLC-Duino／isPLC-Nano
LD	載入母線後的 a 接點	支援
LDI	載入母線後的 b 接點	支援
OR	自節點並聯一個 a 接點元件	支援
ORI	自節點並聯一個 b 接點元件	支援
AND	自節點串聯一個 a 接點元件	支援
ANI	自節點串聯一個 b 接點元件	支援
LDP	母線後之接點有上緣微分時，後方節點產生一掃描週期的 ON 狀態	支援
LDF	母線後之接點有下緣微分時，後方節點產生一掃描週期的 ON 狀態	支援
ANDP	自節點處串聯一個上緣微分接點	支援
ANDF	自節點處串聯一個下緣微分接點	支援
ORP	自節點處並聯一個上緣微分接點	支援
ORF	自節點處並聯一個下緣微分接點	支援
PLS	當節點有上緣微分輸入時，元件會產生一個掃描週期的脈波	支援
PLF	當節點有下緣微分輸入時，元件會產生一個掃描週期的脈波	支援

表 3-2　isPLC 的基本指令(續)

指令名稱與說明		isPLC kernel (ver.1.2.0)
指令	功能說明	isPLC-Duino／isPLC-Nano
SET	強制元件為 ON	支援
RST	強制元件為 OFF	支援
OUT	依節點狀態驅動輸出線圈	支援
MPS	將節點狀態推入堆疊中	支援
MRD	從堆疊中讀取節點狀態	支援
MPP	從堆疊中取出節點狀態	支援
ORB	兩個串聯方塊節點的並聯	支援
ANB	兩個並聯方塊節點的串聯	支援
INV	對節點狀態進行反相操作	支援
END	PLC 程式結束	支援

2. 應用指令－均與三菱 PLC 語法相同，支援應用指令如表 3-3 所示。

表 3-3　isPLC 的應用指令

指令名稱與說明		isPLC kernel (ver.1.2.0)
指令	功能說明	isPLC-Duino／isPLC-Nano
LD=	載入母線後的條件判斷(相等)	支援
LD<	載入母線後的條件判斷(小於)	支援
LD<=	載入母線後的條件判斷(小於等於)	支援
LD>	載入母線後的條件判斷(大於)	支援
LD>=	載入母線後的條件判斷(大於等於)	支援
LD<>	載入母線後的條件判斷(不等於)	支援

⬇ 表 3-3　isPLC 的應用指令(續)

指令名稱與說明		isPLC kernel (ver.1.2.0)
指令	功能說明	isPLC-Duino／isPLC-Nano
OR=	自節點並聯一個條件判斷(相等)	支援
OR<	自節點並聯一個條件判斷(小於)	支援
OR<=	自節點並聯一個條件判斷(小於等於)	支援
OR>	自節點並聯一個條件判斷(大於)	支援
OR>=	自節點並聯一個條件判斷(大於等於)	支援
OR<>	自節點並聯一個條件判斷(不等於)	支援
AND=	自節點串聯一個條件判斷(等於)	支援
AND<	自節點串聯一個條件判斷(小於)	支援
AND<=	自節點串聯一個條件判斷(小於等於)	支援
AND>	自節點串聯一個條件判斷(大於)	支援
AND>=	自節點串聯一個條件判斷(大於等於)	支援
AND<>	自節點串聯一個條件判斷(不等於)	支援
ZRST	強制區間元件為 OFF	支援
MOV	資料搬移	支援
ADD	加法運算	支援
SUB	減法運算	支援
MUL	乘法運算	支援
DIV	除法運算	支援
CMP	比較運算	支援

3. 步進階梯指令－均與三菱 PLC 語法相同,詳細使用說明請參閱第 6 章。

▼ 表 3-4　isPLC 的步進階梯指令

指令名稱與說明			isPLC kernel (ver.1.2.0)
指令	功能說明	適用元件	isPLC-Duino／isPLC-Nano
STL	步進階梯圖開始	S	支援
RET	步進階梯流程結束	-	支援

4. 特殊應用指令

　　為了使用者的方便,isPLC 設計了幾個特殊的應用指令,這些指令與三菱 FX 系列小型 PLC 的指令相比為語法不同,或是三菱 FX 系列小型 PLC 並未支援。isPLC 的設計重點是直覺性與便利性,因此當這些特殊指令與標準指令互相結合時,可以讓使用者快速達成順序控制之外的應用。

▼ 表 3-5　isPLC 的特殊應用指令

指令名稱與說明		isPLC kernel (ver.1.2.0)
指令	功能說明	isPLC-Duino／isPLC-Nano
AD	讀取類比訊號	支援
PWM	特定腳位的脈波寬度調變輸出	支援
TONE	特定腳位 38kHz 輸出	支援

3-3　isPLC 的專用指令

　　isPLC 的專用指令是針對使用者的便利性所設計,為 isPLC 所專用,三菱 PLC 並未提供。下列說明專用指令的用法。

1. AD：讀取類比訊號

　　由於三菱 PLC 要讀取外部類比訊號是透過 AD 擴充模組來達成,進行訊號讀取時,需利用 FROM 和 TO 應用指令,程式撰寫步驟複雜。考量使用的便利性,isPLC 直接設計類比訊號讀取指令 AD,可以直接將類比值(0～1023)存到資料暫存器 D。AD 指令的語法格式如下：

語法格式

LD 語法	IL 語法	說明
⊣⊢[AD m1 m2]	AD　　m1　　m2	m1 為輸入接點(範圍為 K0～K5 對應硬體 A0～A5) 讀取到的類比訊號數值存入 m2 中，其中 m2 元件只可為 D。

範例

階梯圖	指令表	動作說明
X0 ⊣⊢[AD K0 D0]	LD　　X0 AD　　K0　　D0	當按下 X0 時，讀取 A0 腳位類比訊號數值，並存入 D0 中。

2. PWM：特定腳位的脈波寬度調變(PWM)輸出，共支援兩隻腳。

   如前一章所述，三菱 PLC 已支援 PWM 應用指令，但其時間解析度僅達 1ms，在某些應用上略顯不足，因此，isPLC 支援了自行開發的 PWM 應用指令，其時間解析度可達 4us，因此使用上更為方便。isPLC 的 PWM 和三菱 FX PLC 的 PWM 指令的使用語法並不相同，isPLC 的 PWM 指令的語法格式如下：

語法格式

LD 語法	IL 語法	說明
⊣⊢[PWM m1 m2]	PWM　m1　m2　m3	系統針對 PWM 輸出設計工作頻率為 250kHz，也就是每個解析度佔用的單位時間為 $T=1/f=1/250k = 4\mu s$。其中參數 m1：代表指定工作週期的解析度(範圍為 K0～K65535)，m1 元件可為 K、D。 m2：代表指定工作週期中，輸出為 ON 對應的解析度數值，m2 元件可為 K、D。 m3：代表為輸出 CH 編號(K0 或 K1)，K0 為腳位 Y1、K1 為腳位 Y2。

範例

階梯圖	指令表	動作說明
 X0 ├─┤ ├─[PWM K5000 K100 K0]	LD　　　X0 PWM　　K5000 K100 K0	當按下 X0 時，PWM 工作週期為 20ms (= 4μs×5000)，每個工作週期 ON 的時間為 0.4ms (= 4μs×100)，或佔空比為 2% (=100/5000)，並由 Y1 腳位送出 PWM 輸出。

在使用 PWM 指令時須注意：isPLC 的兩隻 PWM 輸出腳位在使用時，並須給定相同的工作週期解析度(即語法格式中的 m1)，至於佔空比則可各自設定。

3. TONE：特定腳位 38kHz 輸出，共支援兩隻腳。

isPLC 的 TONE 指令主要提供驅動紅外線發射元件，且僅限用於 Y4 和 Y5 腳位。TONE 指令的語法格式如下：

語法格式

LD 語法	IL 語法	說明
─×[TONE m1]	TONE　　m1	m1 為輸出 CH 編號(K0 或 K1)，K0 為腳位 Y4、K1 為腳位 Y5。

範例

階梯圖	指令表	動作說明
 X0 ├─┤ ├──[TONE K0]	LD　　　X0 TONE　　K0	當按下 X0 時，Y4 腳位固定 38kHz 輸出。

Chapter 4

PLC 基本電路

在 PLC 的設計應用中，常會有一些電路頻繁地出現在設計裡面，我們暫且把這些電路稱為 PLC 的基本電路。事實上，透過基本電路的修改或組合，便可以完成許多 PLC 的應用。本章將介紹幾種常見的 PLC 基本電路，其中針對幾個傳統電路的實際接線圖、電工電路圖與 PLC 階梯圖加以對照說明。

4-1 ON／OFF 電路

如圖 4-1(a)為實際接線圖，電源、按鈕式開關與指示燈串聯在一起，當按下按鈕時，電路形成通路，指示燈號亮；鬆開按鈕時，電路形成斷路使指示燈號滅。對應的電路圖繪製如圖 4-1(b)所示。

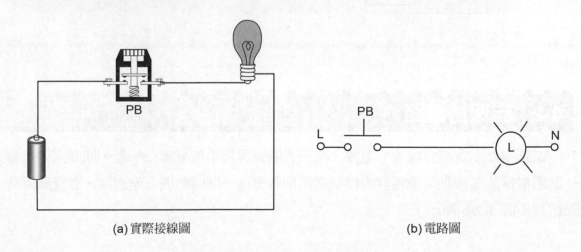

(a) 實際接線圖　　　　　　　　　　　　　　　(b) 電路圖

⬆圖 4-1　ON／OFF 電路圖

將圖 4-1 電路轉換為 PLC 的階梯圖，動作說明如下：

當按下接點 X0，輸出線圈 Y0 就驅動為 ON；鬆開 X0，輸出線圈 Y0 則復原為 OFF。

【階梯圖與指令表】

階梯圖	指令表
 　　┤├─────────────(　Y0　) 　　 X0	LD　　　X0 OUT　　　Y0

【PLC 配線圖】

三菱 PLC 配線圖	isPLC 配線圖
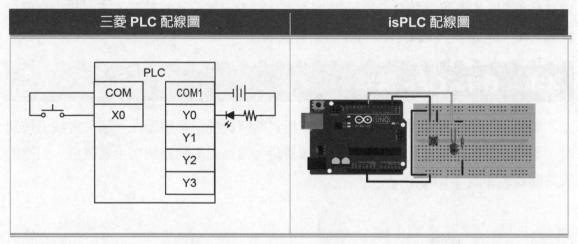	

4-2　自保持電路

如圖 4-2(a)實際接線圖，電源、按鈕式開關與指示燈串聯在一起，開關兩側並聯一個繼電器的 a 接點。繼電器的控制電流則與電池、開關形成一個迴路，對應的電路圖繪製如圖 4-2(b)所示。

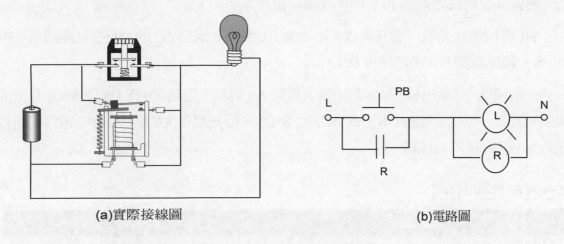

(a)實際接線圖   (b)電路圖

⬆圖 4-2　自保持電路圖

　　在實際接線圖中，當按下按鈕時，指示燈亮，且電流流經繼電器的線圈，使繼電器的接點導通。此時鬆開按鈕，電流仍流經繼電器的接點，使電路維持自保持，如圖 4-3 所示。

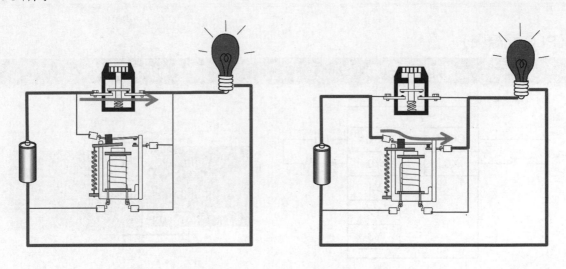

⬆圖 4-3　自保持電路圖說明圖

將圖 4-2 電路轉換為 PLC 的階梯圖，動作說明如下：

X0 為按鈕式開關，當按下 X0 後，輸出線圈 Y0 驅動為 ON；且在鬆開按鈕開關 X0 後，輸出線圈 Y0 仍然保持 ON。

在階梯圖中，輸出線圈 Y0 是由輸入接點 X0 與輸入接點 Y0 作 OR(並聯)運算後的結果。因此一旦 X0 接點 ON，Y0 線圈也會 ON，隨後儘管 X0 接點 OFF，電路仍由並聯的 Y0 線圈維持自保持。

【階梯圖與指令表】

階梯圖	指令表
X0 Y0 ─(Y0)─	LD　　X0 OR　　Y0 OUT　　Y0

【PLC 配線圖】

三菱 PLC 配線圖	isPLC 配線圖

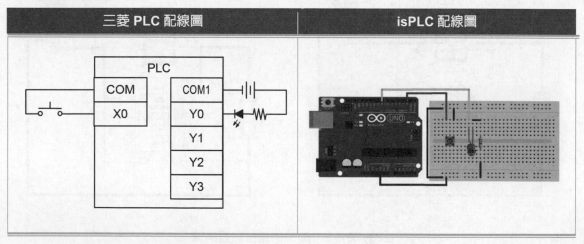

4-3   重置優先自保持電路

與 4-2 小節的實際接線圖相似,電源、指示燈與兩只按鈕式開關串聯在一起,其中一只開關是以 a 接點方式串接,另一只開關則以 b 接點方式串接,如圖 4-4(a)所示。此外,第一只開關兩側並聯一個繼電器的 a 接點。繼電器的控制電流則與電池、開關(a 接點)及開關(b 接點)形成一個迴路,對應的電路圖繪製如圖 4-4(b)所示。

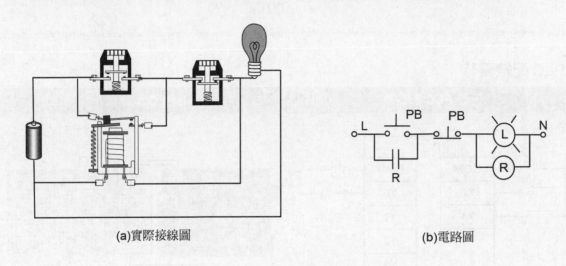

(a)實際接線圖   (b)電路圖

⬆ 圖 4-4　重置優先自保持電路電路圖

將圖 4-2 電路轉換為 PLC 的階梯圖,動作說明如下:

X0 為按鈕式開關,按下 X0 後 Y0 立即轉為 ON;且鬆開 X0 後,Y0 仍然保持 ON。但按下 X1 後,原為 ON 的 Y0 立即被中斷,變為 OFF,即使 X1 鬆開,Y0 仍然維持 OFF。

自保持電路的輸出線圈 Y0 前的節點與 X1 的 b 接點結合,此時輸出線圈 Y0 是由輸入接點 X0 與輸入接點 Y0 先作 OR(並聯)運算,再與非 X1 作 AND(且)運算後的結果。

【階梯圖與指令表】

階梯圖	指令表
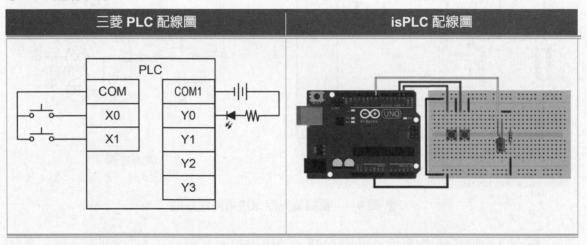	LD　　X0 OR　　Y0 ANI　　X1 OUT　　Y0

【PLC 配線圖】

三菱 PLC 配線圖	isPLC 配線圖

4-4　雙聯開關

　　雙聯開關為兩個開關共同控制一個輸出。每個開關有三個接點,分別為 a 接點、b 接點與共通接點(com),兩個開關的共通接點分別接到電源及燈號,開關的 a 接點和 b 接點則兩兩互接。因此電路的初始狀態並未構成通路。當其中一個開關由 ON 變為 OFF,或由 OFF 變為 ON,則電池、開關與燈泡間形成通路;當另一個開關改變狀態 (ON 變為 OFF,或由 OFF 變為 ON),則迴路成為斷路,如圖 4-5 所示。

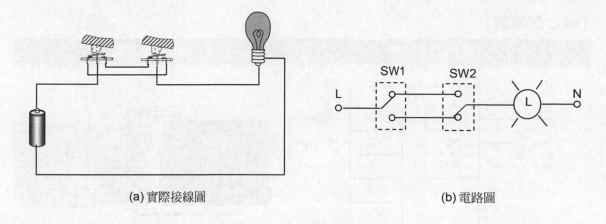

(a) 實際接線圖　　　　　　　　　　(b) 電路圖

⬆圖 4-5　雙連開關電路圖

將圖 4-5 電路轉換為 PLC 的階梯圖,動作說明如下:

X0 和 X1 均為切換式開關,X0 的 a 接點與 X1 的 b 接點串聯(上分支),X0 的 b 接點與 X1 的 a 接點串聯(下分支),接著兩分支電路並聯後輸出 Y0 線圈。因此,當任一分支改變 X0 或 X1 的 ON/OFF 狀態,分支之一即形成通路,Y0 線圈則驅動為 ON;同理,再改變任一分支 X0 或 X1 的 ON/OFF 狀態,則兩分支均變為斷路,Y0 線圈則變為 OFF。

【階梯圖與指令表】

階梯圖	指令表
X0 ─┤├─ X1 ─┤/├─ (Y0) X0 ─┤/├─ X1 ─┤├─	LD　　　X0 AN1　　X1 LD1　　X0 AND　　X1 ORB OUT　　Y0

【PLC 配線圖】

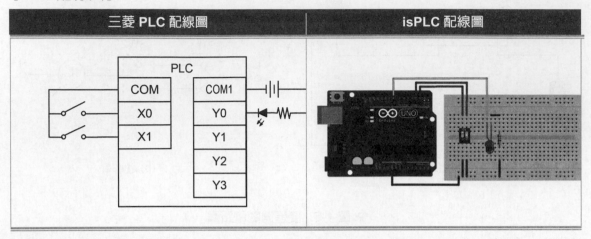

| 三菱 PLC 配線圖 | isPLC 配線圖 |

【應用例】

　　雙連開關可應用到樓梯間的壁燈控制(兩個開關控制一個燈)。

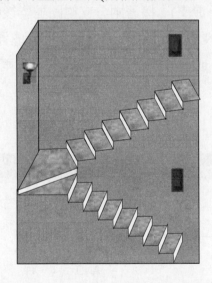

⬆ 圖 4-6　雙連開關在樓梯壁燈控制之應用

4-5　延遲開(ON-Delay)電路

　　延遲開為計時器的基本練習。當輸入接點 X0 為 ON 時，計時器 T0 開始計時，當計時器目前值到達設定值時，即驅動 T0 線圈，並由 T0 線圈驅動輸出接點 Y0 為 ON。

【階梯圖與指令表】

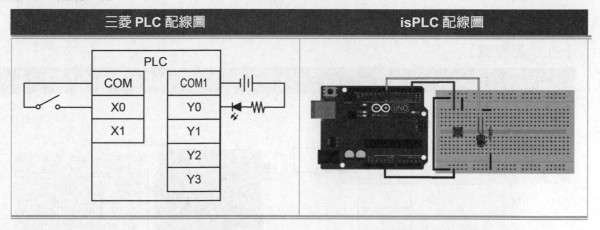

階梯圖	指令表
X0 ─┤├─ (T0 K10) T0 ─┤├─ (Y0)	LD　　X0 OUT　T0　　K10 LD　　T0 OUT　Y0

【PLC 配線圖】

三菱 PLC 配線圖	isPLC 配線圖

【應用例】

　　延時開電路可應用至烘手機或戶外的照明燈。當設定 X0 為光遮斷開關，Y0 為風扇啟動開關，則可完成烘手機的設計，如圖 4-7 所示。

↑圖 4-7　延時開電路在烘手機控制之應用

4-6 延遲關(OFF-Delay)電路

使用計時器設計延時關閉功能,當按下 X0 時,輸出線圈 Y0 自保持;鬆開 X0 時,計時器 T0 開始計時,當計時器目前值到達設定值時,即切斷輸出線圈 Y0 與計時器 T0。

【階梯圖與指令表】

階梯圖	指令表		
X0 ─┤├─ T0 ─┤╱├─ (Y0) Y0 ─┤├─ X0 ─┤╱├─ (T0 K10)	LD	X0	
	OR	Y0	
	ANI	T0	
	OUT	Y0	
	ANI	X0	
	OUT	T0	K10

【PLC 配線圖】

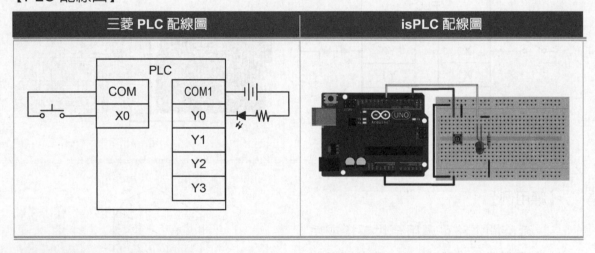

三菱 PLC 配線圖	isPLC 配線圖

【應用例】

延遲關可應用置汽車內的車頂燈或門口的燈。例如從室內關燈離開到室外,室外的燈會移動時熄滅,使離開室內的人有足夠的時間可以完成換鞋或鎖門等動作,如圖 4-8 所示。

室內　　室外

⬆ 圖 4-8　延時關電路在門口燈控制之應用

4-7　閃爍電路

　　三菱 PLC 內建了三個特殊輔助繼電器 M8011、M8012、M8013，可產生固定週期之脈波輸出，但若要自訂閃爍的週期，則可使用下面的閃爍電路。

　　當 X0 為 ON 時，串聯 T1 線圈的反相(此時 T1 線圈為 OFF)，因此，計時器 T0 開始計時。當計時器 T0 到達計數值，T0 線圈為 ON，啟動計時器 T1 開始計時，並驅動線圈 Y0 為 ON。當計時器 T1 到達計數值時，驅使計時器 T0 歸零，連帶使計時器 T1 歸零及輸出 Y0 為 OFF，至此完成一次閃爍。此時計時器 T0 重新計時，並重覆以上流程。

【階梯圖與指令表】

階梯圖	指令表
X0　T1 ─┤├─┤/├─ (T0 K10) T0 ─┤├─ (T1 K10) 　　─ (Y0)	LD　　X0 ANI　　T1 OUT　　T0　　K10 LD　　T0 OUT　　T1　　K10 OUT　　Y0

【PLC 配線圖】

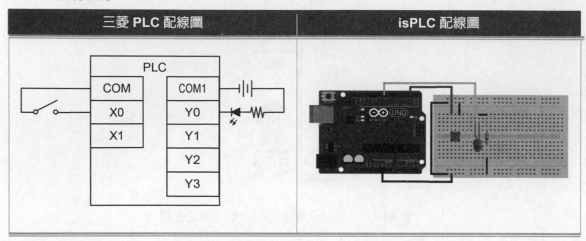

【應用例】

可做為週期性輸出的觸發開關，如圖 4-9 所示警示燈之應用。

⬆ 圖 4-9 閃爍電路在警示燈之應用

4-8　交替電路

　　交替電路是利用一個開關來控制兩個輸出狀態 ON／OFF 交替出現。即當按(ON)一下輸入接點 X0 後，輸出線圈 Y0 即為 ON；再按一下輸入接點 X0，輸出線圈 Y0 立即變為 OFF，如此 Y0 線圈 ON／OFF 交替出現。

　　在階梯圖上的設計可利用計數器來完成。

【階梯圖與指令表】

階梯圖	指令表
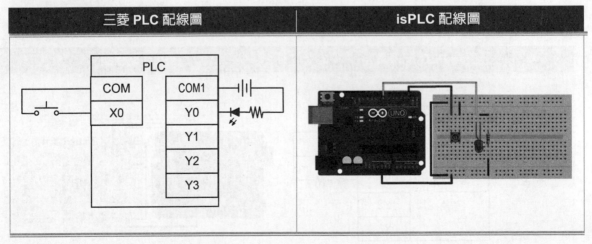	LD　　X0 PLS　　M0 LD　　M0 ANI　　Y0 LDI　　M0 AND　　Y0 ORB OUT　　Y0

【PLC 配線圖】

三菱 PLC 配線圖	isPLC 配線圖
PLC COM X0 COM1 Y0 Y1 Y2 Y3	

【應用例】

　　使用交替電路可以用一般的按鈕式開關來代替壓扣式開關。

4-9　後輸入優先自保持電路

後輸入優先自保持電路為一互鎖電路。兩個開關可控制兩種輸出，但後面的開關可解除前次開關產生的輸出狀態，避免同時輸出。將上面功能轉換為 PLC 的階梯圖，動作說明如下：

若 X0 接點 ON，輸出線圈 Y0 為 ON；若隨後 X1 接點 ON，則先前的輸出線圈 Y0 重置為 OFF，新的輸出線圈 Y1 為 ON。

【階梯圖與指令表】

階梯圖	指令表	
X0　　X1 ─(Y0) Y0 X1　　X0 ─(Y1) Y1	LD OR ANI OUT LD OR ANI OUT	X0 Y0 X1 Y0 X1 Y1 X0 Y1

【PLC 配線圖】

三菱 PLC 配線圖	isPLC 配線圖
PLC COM　COM1 X0　Y0 X1　Y1 　　Y2 　　Y3	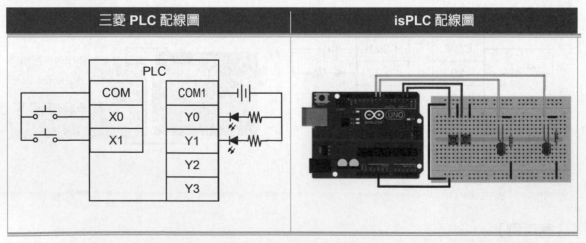

【應用例】

　　參考圖 4-10 所示的工作台，並定義下面的 IO 接點表，配合後輸入優先自保持電路，可達成平台往復運動的功能。

接點名稱	功能	接點名稱	功能
X0	左極限開關	Y0	馬達正轉，平台向右(➜)
X1	右極限開關	Y1	馬達反轉，平台向左(⬅)

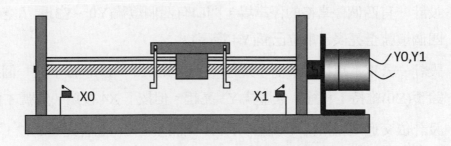

⬆圖 4-10　往復平台示意圖

課後練習

問答題

1. 設計一感應式洗手台的給水控制，手伸入感應區(X0)超過一秒才給水(Y0)，手離開感應區超過 0.5 秒，才停止給水。(整合 ON-Delay 與 OFF-Delay 的電路設計)

2. 設計一有四個停車格的停車場，門口有四個燈號(Y0～Y3)顯示空位數，若四個燈號全亮表示車位已滿(Y4 燈亮)。

3. 設計一公車下車按鈴系統，共有 4 個按鈕(X0～X3)，按下任一個按鈕，則鈴響(Y0)維持 1 秒鐘，且燈號 Y1 亮起。但按下 X4 按鈕，燈號才會重置。

4. 設計依交通燈號系統。每按一下 X1 開關，紅燈(Y0)會先亮 2 秒，接著黃燈(Y1)亮 1 秒，最後綠燈(Y2)會亮 3 秒。

Chapter 5

PLC 的 LD 設計實習

以 PLC 程式進行順序控制的設計方式很多，如經驗設計法或流程圖設計法等，其中經驗設計法是透過經驗將功能拆解，直接組合、修改或延伸基本電路，來完成功能設計。本章主要是基於經驗設計法，並透過實作範例來練習 PLC 的 LD 設計，其中實習 5-1～5-7 同時適用於 FX PLC 和 isPLC，而實習 5-8 之後因使用了 isPLC 的專用指令，故只適用於 isPLC。

5-1 閃爍燈號次數控制

【學習目標】

基本指令、計時器與計數器的混合應用。

【實習功能說明】

每按一次按鈕開關(X0)，則燈號 Y0 會以週期 1 秒亮滅 5 次後停止，如圖 5-1 所示。

 X0　　　 Y0

⬆ 圖 5-1　跑馬燈示意圖

【實習材料表】

編號	元件名稱	元件數量
1	按鈕開關	1
2	1.5V 電池(含電池盒)	2
3	LED 指示燈	1
4	220Ω 電阻	1
5	單芯線	若干

【IO 接點表】

輸入	說明	輸出	說明
X0	開關	Y0	指示燈 1

【階梯圖】

【指令表】

LD	X0	
SET	M0	
LD	M0	
ANI	T1	
OUT	T0	K5
LD	T0	
OUT	T1	K5
OUT	Y0	

LDF	Y0	
OUT	C0	K5
LD	C0	
RST	M0	
RST	C0	

【設計說明】

　　當 X0 為 ON 時，強制 M0 為 ON，利用 M0 做為週期性閃爍的開關；在計次方面，使用 Y0 的下緣微分來計次，以確保完成該次閃爍；一旦計次的次數達成，計數器 C0 線圈為 ON，便重置計數器和 M0，完成 5 次閃爍功能。

【配線圖】

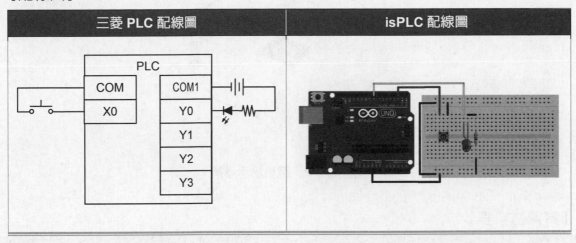

三菱 PLC 配線圖	isPLC 配線圖

【思考題】

1.　同原範例功能，但增加立即停止閃爍功能。當按下 X1 按鈕時，閃爍動作立即停止，Y0 停在燈滅的狀態，且閃爍次數重置。

2.　同原範例功能，但增加立即停止閃爍功能。當按下 X1 按鈕時，閃爍動作暫停，Y0 停在當時狀態(可能是滅或亮)，再按一次 X1 繼續燈號計次。

5.2　跑馬燈控制

【學習目標】

　　多個計時器的時序規劃整合應用。

【實習功能說明】

　　以一個輸入切換開關(X0)來控制四個指示燈(Y0、Y1、Y2、Y3)依序亮滅，並能重複循環，其中燈號的切換週期為 0.5 秒，如圖 5-2 所示。

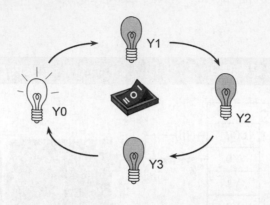

↑圖 5-2　跑馬燈示意圖

【實習材料表】

編號	元件名稱	元件數量
1	切換開關	1
2	1.5V 電池(含電池盒)	2
3	LED 指示燈	4
4	220Ω 電阻	4
5	單芯線	若干

【IO 接點表】

輸入	說明	輸出	說明
X0	開關	Y0	指示燈 1
		Y1	指示燈 2
		Y2	指示燈 3
		Y3	指示燈 4

【階梯圖】

【指令表】

LD	X0		LD	T0
ANI	T4		ANI	T1
MPS			OUT	Y0
OUT	T0	K0	LD	T1
MRD			ANI	T2
OUT	T1	K5	OUT	Y1
MRD			LD	T2
OUT	T2	K10	ANI	T3
MRD			OUT	Y2
OUT	T3	K15	LD	T3
MPP			ANI	T4
OUT	T4	K20	OUT	Y3

【設計說明】

1. 當 X0 為 ON 時，計時器 T0～T4 開始計時。並利用 T4 線圈的 b 接點，製造一個 2 秒的週期性時序組合，如圖 5-3 所示。

2. 依各計時器線圈的組合控制輸出線圈 Y0～Y3 為 ON／OFF。例如：當 T0 線圈為 ON，且 T1 線圈為 OFF 時，使接點 Y0 為 ON，依序類推。

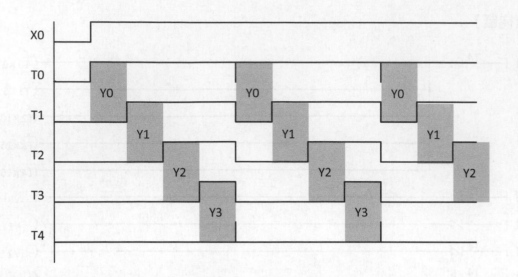

圖 5-3　跑馬燈時序圖

【配線圖】

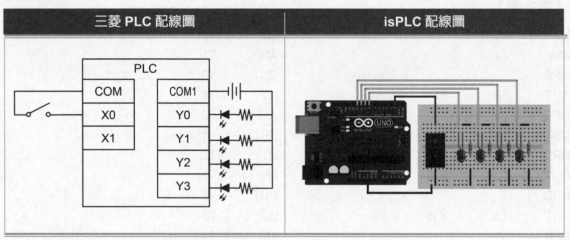

【思考題】

1. 以一個輸入開關(X0)來控制四個指示燈(Y0、Y1、Y2、Y3)，並可以依序 [Y0➜Y1➜Y2➜Y3➜Y2➜Y1]➜Y0➜Y1…循環亮滅。

2. 以一個輸入開關(X0)來控制四個指示燈(Y0、Y1、Y2、Y3)，並可以依序 [Y0➜Y1➜Y2➜Y3]全亮後，再將其依序[Y3➜Y2➜Y1➜Y0]全滅。

3. 以一個輸入開關(X0)來控制四個指示燈(Y0、Y1、Y2、Y3)，並可以依序 [Y0➔Y2➔Y1➔Y3] ➔ Y0➔Y2…循環亮滅。

5-3　三段式開關

【學習目標】

多個計數器的下緣微分輸入指令(LDF)之整合應用。

【實習功能說明】

以一個切換式開關(X0)控制三個指示燈(Y0、Y1、Y2)。第一次開關 ON，亮一盞燈(Y0)；第二次開關 ON，亮兩盞燈(Y0 及 Y1)；第三次開關 ON，亮三盞燈(Y0、Y1 及 Y2)。再一次開關 ON，則重複第一次開關 ON 之後的動作。

Y0　　　Y1　　　Y2

☝圖 5-4　三段式開關示意圖

【實習材料表】

編號	元件名稱	元件數量
1	切換開關	1
2	1.5V 電池(含電池盒)	2
3	LED 指示燈	3
4	220Ω 電阻	3
5	單芯線	若干

【IO 接點表】

輸入	說明	輸出	說明
X0	開關	Y0	燈號 1
		Y1	燈號 2
		Y2	燈號 3

【階梯圖】

【指令表】

LD	X0		MPP		
OUT	Y0		AND	C1	
OUT	C0	K2	OUT	Y2	
OUT	C1	K3	LDF	X0	
MPS			AND	C1	
AND	C0		RST	C0	
OUT	Y1		RST	C1	

【設計說明】

1. 每一次 X0 為 ON 時，不同設定值的計數器均會計次。設計時利用計數器線圈作
   為燈號亮滅的條件。例如：第一次 X0 為 ON 時，Y0 亮；第二次 X0 為 ON 時，
   C0 線圈 ON，使 Y0 和 Y1 同時亮；第三次 X0 為 ON 時的後續動作與前面類似。

2. 當第三次開關動作完畢，且 X0 由 ON 變為 OFF，表示完成第三次 X0 關的動作，則進行計數器的重置，如此便可重複燈號的亮滅動作。

【配線圖】

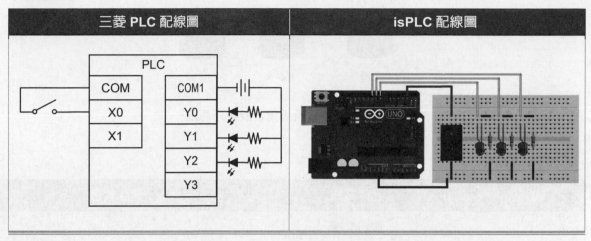

【思考題】

1. 設計一個四段式開關。

2. 設計一個三段式開關，功能為：第一段 Y0 亮、第二段 Y1、Y3 亮、第三段全亮。

3. 設計一三段式開關，除原題目功能外，當 X0 切至 OFF 的時間超過 3 秒鐘，所有燈號動作會從亮一個燈開始動作。

5-4　直流馬達正反轉控制

【學習目標】

PLC 與繼電器的的整合應用。

【實習功能說明】

設計直流馬達的正轉(X0)、反轉(X1)和停止(X2)開關，啟動開關自保持，且直流馬達正反轉互鎖。即按下 X0，使輸出線圈 Y0 為 ON，可控制直流馬達正轉；按下 X1，使切換輸出線圈 Y1 為 ON，可控制直流馬達反轉；當按下 X2 開關，則直流馬達運轉，如圖 5-5 所示。

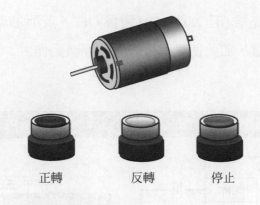

正轉　　　　　反轉　　　　停止

↑ 圖 5-5　直流馬達正反轉示意圖

【實習材料表】

編號	元件名稱	元件數量
1	按鈕開關	3
2	1.5V 電池(含電池盒)	2
3	3V 繼電器	2
4	直流馬達	1
5	220Ω 電阻	2
6	單芯線	若干

【IO 接點表】

輸入	說明	輸出	說明
X0	正轉開關	Y0	驅動繼電器 1
X1	反轉開關	Y1	驅動繼電器 2
X2	停止開關		

【階梯圖】

【指令表】

LD	X0
OR	M0
ANI	X1
ANI	X2
OUT	M0
LD	X1
OR	M1
ANI	X0
ANI	X2
OUT	M1

LD	M0
OUT	Y0
LD	M1
OUT	Y1

【設計說明】

　　思考與 4-9 應用例相同的後輸入優先自保持電路，因正轉和反轉都需要兩個輸出接點，因此將輸出與自保持功能以輔助繼電器 M0 和 M1 來取代，再由 M0 和 M1 啟動對應的輸出接點 Y0 和 Y1。電路由 X0 接點改為 X2 接點，即完成 PLC 階梯圖的設計，如圖 5-6 所示。

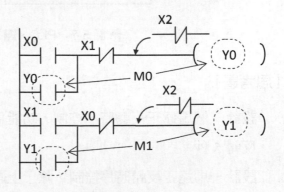

⬆ 圖 5-6　直流馬達正反轉以按鈕開關 X2 做為啟動開關

【配線圖】

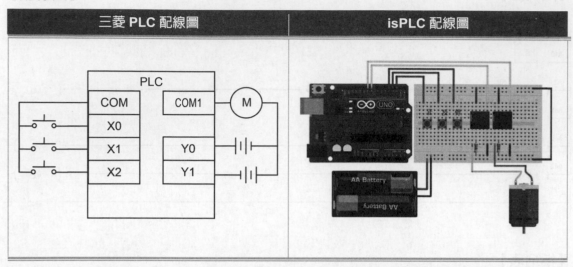

對於電晶體輸出型 PLC，因受限於電流的方向性，因此需外接繼電器，一方面也做為與 PLC 的隔離用途。PLC 輸出接點與繼電器的接線可參考圖 5-7。

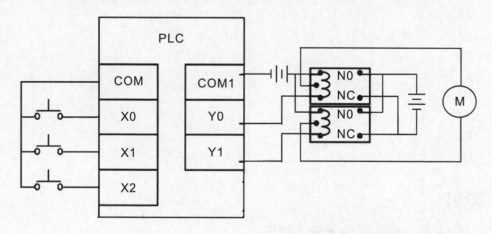

圖 5-7　PLC、繼電器與直流馬達接線圖

【思考題】

1. 設計一個馬達正反轉時序控制，功能為：當 X0 啟動馬達停止 2 秒→正轉 3 秒→反轉 5 秒。

2. 設計一馬達正反轉時序控制，除了上題功能外，當 X1 啟動時所有動作暫停，直至 X1 解除後才繼續動作，當 X2 啟動時則重置所有動作。

5-5　單軸平台往復運動控制

【學習目標】

　　啓動與停止條件的組合應用

【實習功能說明】

1. 當 Y1 為 ON 時，平台左移；當 Y0 為 ON 時，平台右移；X0 和 X1 分別為平台的左極限與右極限。

2. 每按下啓動開關 X2，平台向左移至左極限 X0，隨即再返回到右極限 X1 位置後停止，如圖 5-8 所示。

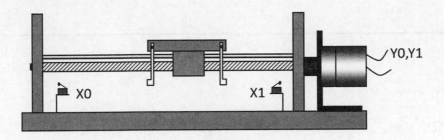

⬆圖 5-8　單軸平台往復運動控制示意圖

【實習材料表】

編號	元件名稱	元件數量
1	單軸往復平台(可以直流馬達代替)	1
2	按鈕開關	1
3	極限開關	2
4	1.5V 電池(含電池盒)	2
5	LED 指示燈	1
6	220Ω 電阻	1
7	單芯線	若干

【IO 接點表】

接點名稱	功能	接點名稱	功能
X0	左極限開關	Y0	馬達正轉，平台向右(➜)
X1	右極限開關	Y1	馬達反轉，平台向左(⬅)
X2	啓動開關		

【階梯圖】

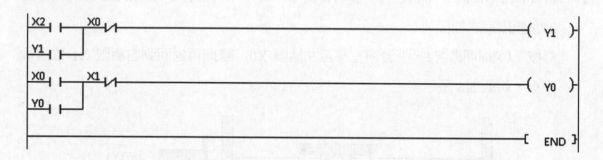

【指令表】

LD	X2		LD	X0
OR	Y1		OR	Y0
ANI	X0		ANI	X1
OUT	Y1		OUT	Y0

【設計說明】

　　思考與 4-9 應用例相同的後輸入優先自保持電路，其中將啓動電路由 X0 接點改爲 X2 接點，即完成 PLC 階梯圖的設計。

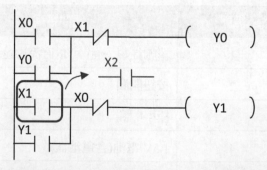

⬆圖 5-9　單軸平台往復運動以按鈕開關 X2 做為啓動開關

【PLC 配線圖】

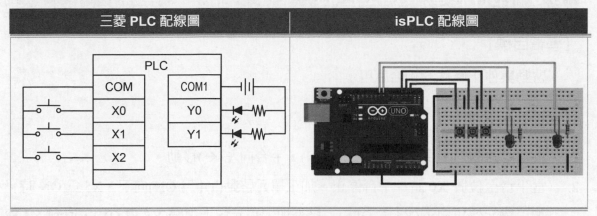

三菱 PLC 配線圖	isPLC 配線圖

【思考題】

1. 控制直流馬達正反轉以帶動螺桿,並使工作平台作前進與後退之運動。兩個按鈕開關分別可以控制平台的啓動與停止,兩端的極限開關為平台運動方向的切換開關。按啓動鈕,平台向左(←)移動,觸到左極限時平台會轉向右(→)移動;當觸到右極限,則平台又會轉向左(←)移動,如此反覆直到按下停止鈕後,平台會復歸至 X3 位置,如圖 5-10 所示。

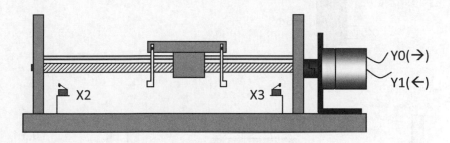

🔼 圖 5-10　移載平台示意圖

輸入	說明	輸出	說明
X0	啓動	Y0	馬達正轉,平台向右(→)
X1	停止	Y1	馬達反轉,平台向左(←)
X2	左極限開關(L.S.)		
X3	右極限開關(L.S.)		

5-6　工件移載與加工控制

【學習目標】

　　啟動與停止條件的組合應用。

【實習功能說明】

1.　按啟動鈕(X2)，馬達反轉(Y1 為 ON)，平台向左(←)移動。

2.　當平台至位置 X0 時，平台停止，加工單元啟動(Y4 為 ON)向下，X5 為 ON 時，加工單元停止向下(Y4 為 OFF)；接著加工單元向上復歸(Y5 為 ON)，直到 X4 為 ON 時，加工單元停止向上(Y5 為 OFF)，即完成加工操作。

3.　完成加工，平台隨即啟動向右移動(Y0 為 ON)，返回至 X1 停止(Y0 為 OFF)。

4.　執行過程中，若按復歸鈕(X3)後，加工單元向上復歸(Y5 為 ON)至 X4 位置，且平台復歸至 X1 位置(→)，如圖 5-11 所示。

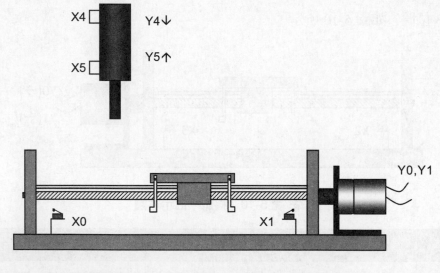

　　　圖 5-11　工件移載平台與加工系統示意圖

【實習材料表】

編號	元件名稱	元件數量
1	切換開關	6
2	1.5V 電池(含電池盒)	2
3	LED 指示燈	4
4	220Ω 電阻	4
5	單芯線	若干

【IO 接點表】

輸入	說明	輸出	說明
X0	左極限	Y0	馬達正轉，平台向右(→)
X1	右極限	Y1	馬達反轉，平台向左(←)
X2	啟動	Y4	向下加工
X3	復歸	Y5	加工復歸
X4	上極限		
X5	下極限		

【階梯圖】

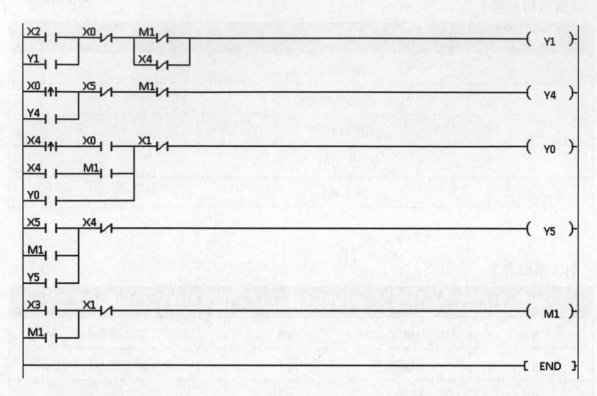

【指令表】

LD	X2		LD	X4
OR	Y1		AND	M1
ANI	X0		ORB	
LDI	M1		OR	Y0
ORI	X4		ANI	X1
ANB			OUT	Y0
OUT	Y1		LD	X5
LDP	X0		OR	M1
OR	Y4		OR	Y5
LDI	X5		ANI	X4
ANI	M1		OUT	Y5
ANB			LD	X3
OUT	Y4		OR	M1
LDP	X4		ANI	X1
AND	X0		OUT	M1

【設計說明】

1. 設計時先思考一般流程(不含動作中按下復歸鈕 X3)進行設計,將動作分為平台左移、向下加工、向上返回和平台右移等四個子動作,並針對各子動作的啟動條件與停止條件進行階梯圖設計。

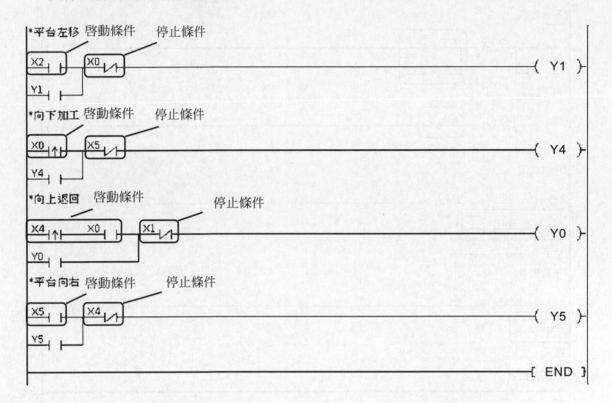

2. 思考按下復歸鈕(X3)的系統復歸動作

(1) 當平台向左移動中，則平台立即右移返回復歸。

(2) 當平台處於向下加工中，則加工先向上復歸，再使平台右移復歸。

考量上述兩種狀態，因此分別在修正啟動條件與停止條件，以符合復歸動作。

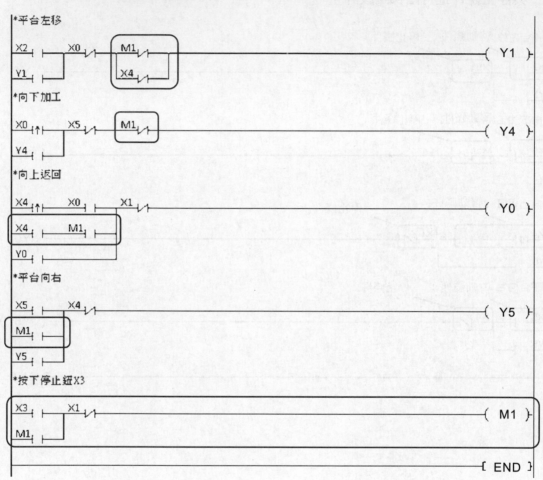

【PLC 配線圖】

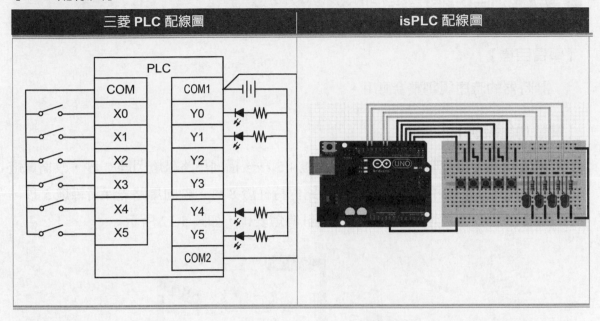

三菱 PLC 配線圖	isPLC 配線圖

【思考題】

若加工單元向下加工到達 X5 位置後，停止 3 秒再返回 X4 位置，試修改階梯程式以符合上述功能。

5-7　雙向紅綠燈控制

【學習目標】

計時器的時序規劃整合應用。

【實習功能說明】

當橫向馬路綠燈時，縱向馬路為紅燈；5 秒後橫向馬路綠燈閃爍 2 秒，改為黃燈 1 秒，縱向馬路紅燈不變；接著橫向馬路保持紅燈 8 秒，縱向馬路先保持綠燈 5 秒，再閃爍 2 秒，改為黃燈 1 秒。如此反覆紅綠燈變化，如圖 5-12 所示。

▲圖 5-12　雙向紅綠燈示意圖

路口 1	綠	綠(閃)	黃	紅	紅	紅
路口 2	紅	紅	紅	綠	綠(閃)	黃
時間(秒)	5	2	1	5	2	1

【實習材料表】

編號	元件名稱	元件數量
1	切換開關	1
2	1.5V 電池(含電池盒)	2
3	LED 指示燈	6
4	220Ω 電阻	6
5	單芯線	若干

【IO 接點表】

輸入	說明	輸出	說明
X0	總開關	Y0	縱向綠燈
		Y1	縱向黃燈
		Y2	縱向紅燈
		Y3	橫向紅燈
		Y4	橫向黃燈
		Y5	橫向綠燈

【階梯圖】

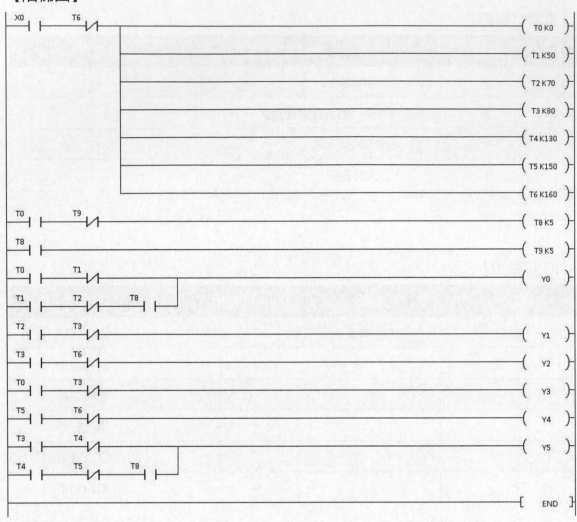

【指令表】

LD	X0		ANI	T2	
ANI	T6		AND	T8	
MPS			ORB		
OUT	T0	K0	OUT	Y0	
MRD			LD	T2	
OUT	T1	K50	ANI	T3	
MRD			OUT	Y1	
OUT	T2	K70	LD	T3	
MRD			ANI	T6	
OUT	T3	K80	OUT	Y2	
MRD			LD	T0	
OUT	T4	K130	ANI	T3	
MRD			OUT	Y3	
OUT	T5	K150	LD	T5	
MPP			ANI	T6	
OUT	T6	K160	OUT	Y4	
LD	T0		LD	T3	
ANI	T9		ANI	T4	
OUT	T8	K5	LD	T4	
LD	T8		ANI	T5	
OUT	T9	K5	AND	T8	
LD	T0		ORB		
ANI	T1		OUT	Y5	
LD	T1				

【設計說明】

時序規劃如下表：

	T0		T1		T2		T3		T4		T5		T6
縱向路口	5 秒		2 秒		1 秒		8 秒						
	縱向綠燈		綠(閃)		縱向黃燈		縱向紅燈						
橫向路口	橫向紅燈								縱向綠燈		綠(閃)		縱向黃燈
	8 秒								5 秒		2 秒		1 秒

由上表可知，計時器 T0 計算時間為 0；T1 計算時間為 5 秒；T2 計算時間為 7(=5+2) 秒；T3 計算時間為 8(=5+2+1)秒；T4 計算時間為 13(=5+2+1+5)秒；T5 計算時間為 15(=5+2+1+5+2)秒；T6 計算時間為 16(=5+2+1+5+2+1)秒，並安排各個輸出線圈之判斷接點。

【PLC 配線圖】

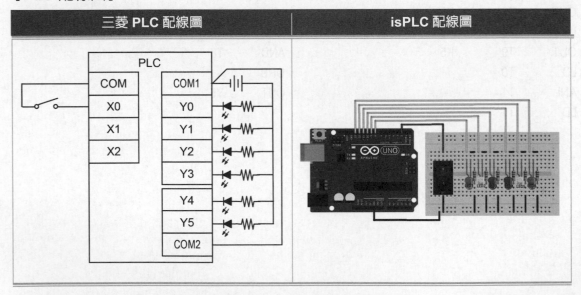

【思考題】

增加閃黃燈功能。X0 為 ON 時，紅綠燈為正常啟動；X1 為 ON 時，兩路口閃黃燈；X2 為 ON 時，所有燈號熄滅。

5-8　RC 伺服馬達正反轉控制＊＊

【學習目標】

isPLC 的 PWM 指令與 RC 伺服馬達練習。

【實習功能說明】

以開關 X0 控制 RC 伺服馬達的正轉，X1 控制 RC 伺服馬達的反轉，X2 則使 RC 伺服馬達停止。

本範例使用 Tower Pro SG90 RC 伺服馬達(規格如下表所列)，配合馬達的規格，isPLC 的 PWM 週期之解析度設為 5000，此時對應的 PWM 頻率為 50Hz。當佔空比為 325:5000 時，RC 伺服馬達正轉；當佔空比為 425:5000 時，RC 伺服馬達反轉；當佔空比為 375:5000 時，RC 伺服馬達停止運轉，如圖 5-13 所示。

⬆圖 5-13　RC 伺服馬達外觀

⬇表 5-1　Tower Pro SG90 RC 伺服馬達基本規格

Torque	4.8V: 1.80kg-cm
Speed	4.8V: 0.10sec／60°
Weight	9.0g
Rotational Range	180°
Pulse Width	500-2400μs

【實習材料表】

編號	元件名稱	元件數量
1	按鈕開關	3
2	RC 伺服馬達	1

【IO 接點表】

輸入	說明	輸出	說明
X0	啓動開關(正轉)	Y1(PWM CH0)	驅動 RC 伺服馬達
X1	反轉		
X2	停止		

【isPLC 階梯圖】

```
X0
├┤↑├─────────────────────────────────[ MOV K325 D0 ]

X1
├┤↑├─────────────────────────────────[ MOV K425 D0 ]

X2
├┤↑├─────────────────────────────────[ MOV K375 D0 ]

M8000
├┤ ├─────────────────────────────────[ PWM K5000 D0 K0 ]
```

【isPLC 指令表】

```
LDP    X0              LDP    X2
MOV    K325  D0        MOV    K375   D0
LDP    X1              LD     M8000
MOV    K425  D0        PWM    K5000  D0    K0
```

【isPLC 設計說明】

　　配合 RC 伺服馬達的使用方式，利用微分指令設定暫存器的值，並透過 M8000 繼電器執行 RC 伺服馬達的正反轉控制。

【isPLC 配線圖】

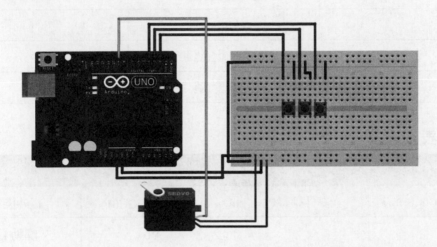

【思考題】

　　修改程式，按下 X0 開關使 RC 馬達往復擺動，按下 X1 開關則馬達停止。

5-9 紅外線移動物偵測**

【學習目標】

　　isPLC 的 TONE 指令練習

【實習功能說明】

　　當感測紅外線偵測有人通過時，燈泡 Y0 即亮起，人離開經過 1 秒才熄滅。

【實習材料表】

編號	元件名稱	元件數量
1	紅外線接收器	1
2	紅外線發射器	1
3	LED	1
4	電阻 220Ω	2
5	電阻 330Ω	1

【IO 接點表】

輸入	說明	輸出	說明
X0	紅外線接收	Y4(TONE CH0)	紅外線發射
		Y0	驅動 LED

【isPLC 階梯圖】

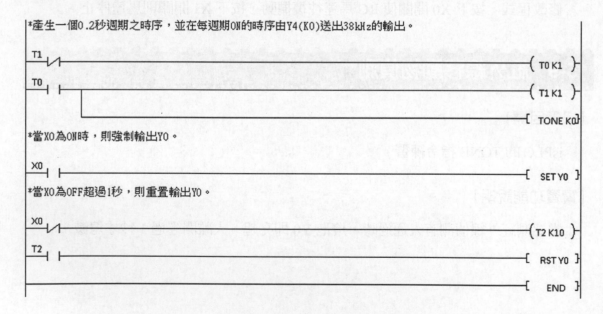

【isPLC 指令表】

LDI	T1			LDI	X0	
OUT	T0	K1		OUT	T2	K10
LD	T0			LD	T2	
OUT	T1	K1		RST	Y0	
LD	X0					
SET	Y0					

【isPLC 設計說明】

　　利用 T0 和 T1 產生週期 0.2 秒的方波，每個方波 ON 時，透過 Y4 送出 38kHz 的脈波信號給紅外線發射器。紅外線接收器則接於 X0，並利用 T2 計時器規劃延遲關 Y0 的設計。

【isPLC 配線圖】

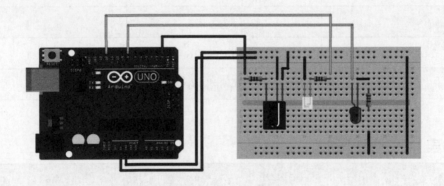

【思考題】

　　當感測紅外線偵測有人通過維持 1 秒時，燈泡 Y0 才亮，人離開經過，燈泡 Y0 立即停止。

5-10 智慧家庭-溫控風扇＊＊

【學習目標】

　　isPLC 類比輸入指令 AD 與溫度感測器 LM35 的整合練習

【實習功能說明】

　　當溫度超過設定值 T1 時，風扇啓動(Y0 為 ON)；當溫度低於設定值 T2 時，風扇停止運作(Y0 為 OFF)。

【實習材料表】

編號	元件名稱	元件數量
1	溫度感測器(LM35)	1
2	電池組	1
3	馬達	1
4	二極體(1N4736A)	1
5	NPN 電晶體(9013)	1

【IO 接點表】

輸入	說明	輸出	說明
A0	量取溫度感測器之電壓	Y0	驅動風扇馬達

【isPLC 階梯圖】

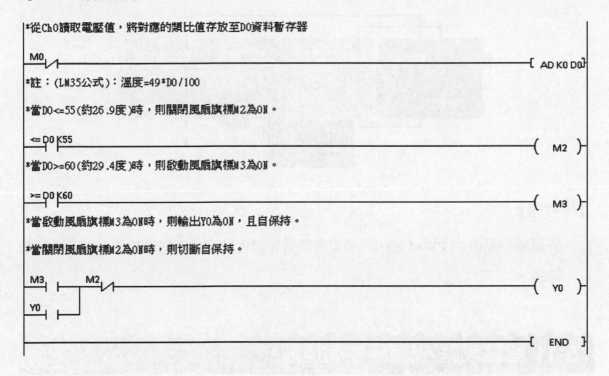

*從Ch0讀取電壓值,將對應的類比值存放至D0資料暫存器

M0 ─────────────────────────────────── [AD K0 D0]

*註:(LM35公式):溫度=49*D0/100

*當D0<=55(約26.9度)時,則關閉風扇旗標M2為ON。

<= D0 K55 ─────────────────────────────────── (M2)

*當D0>=60(約29.4度)時,則啟動風扇旗標M3為ON。

>= D0 K60 ─────────────────────────────────── (M3)

*當啟動風扇旗標M3為ON時,則輸出Y0為ON,且自保持。

*當關閉風扇旗標M2為ON時,則切斷自保持。

M3   M2
├───┬──┤/├────────────────────────────── (Y0)
Y0   │
├───┘

─────────────────────────────────── [END]

【isPLC 指令表】

LDI	M0		LD	M3
AD	K0	D0	OR	Y0
LD<=	D0	K55	ANI	M2
OUT	M2		OUT	Y0
LD>=	D0	K60		
OUT	M3			

【isPLC 設計說明】

利用 AD 指令讀取 LM35 的類比電壓輸入,並利用接點比較指令(LD>= 和 LD<=)控制風扇的啟動。

【isPLC 配線圖】

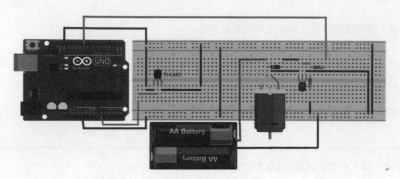

【思考題】

1. 將風扇啓動改由 PWM 輸出，並自行設計依溫度的高低，使風扇能自動分段調整轉速。

5-11 智慧家庭-光感應控制燈泡＊＊

【學習目標】

isPLC 類比輸入指令 AD 與光敏電阻的整合練習。

【實習功能說明】

當光線低於設定值 E1 時，點亮燈號(Y0)；當光線高出設定值 E2 時，熄滅燈號(Y0)。

【實習材料表】

編號	元件名稱	元件數量
1	光敏電阻	1
2	LED	1
3	電阻(330Ω)	1
4	電阻(10kΩ)	1

【IO 接點表】

輸入	說明	輸出	說明
A0	量取光敏電阻之分壓	Y0	LED 燈泡

【isPLC 階梯圖】

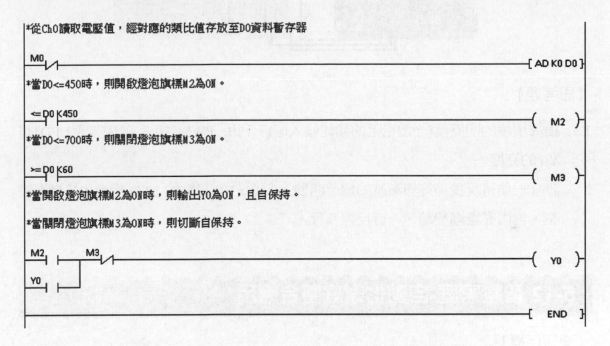

*從Ch0讀取電壓值,經對應的類比值存放至D0資料暫存器

*當D0<=450時,則開啟燈泡旗標M2為ON。

*當D0<=700時,則關閉燈泡旗標M3為ON。

*當開啟燈泡旗標M2為ON時,則輸出Y0為ON,且自保持。

*當關閉燈泡旗標M3為ON時,則切斷自保持。

【isPLC 指令表】

LDI	M0	
AD	K0	D0
LD<=	D0	K450
OUT	M2	
LD>=	D0	K700
OUT	M3	

LD	M2
OR	Y0
ANI	M3
OUT	Y0

【isPLC 設計說明】

　　利用量取光敏電阻在電路中的分壓值,並結合接點比較指令(LD>= 和 LD<=)控制燈號 Y0 的亮滅。

【isPLC 配線圖】

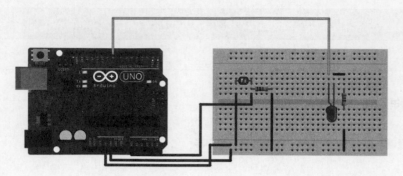

【思考題】

1. 根據環境的明亮度(光敏電阻的類比輸入值),利用 PWM 指令分段控制 LED 燈 Y0 的亮度。

2. 設計一個可反覆漸亮與漸滅的燈。開啟 X0 後,Y0 接點的 LED 燈會由按漸漸變亮,再由亮漸漸變暗,一直反覆執行。

5-12 智慧家庭-自動化家庭整合應用**

【學習目標】

isPLC 特殊指令與各式感測器的整合應用練習。

【實習功能說明】

規劃如下之自動化家庭應用:

1. 當磁簧開關觸發時,蜂鳴器響。

2. 當溫度超過設定值 T1 時,風扇啟動;當溫度低於設定值 T2 時,風扇停止運作。

3. 當光光線低於設定值 E1 時,點亮燈號;當光線高出設定值 E2 時,熄滅燈號。

【實習材料表】

編號	元件名稱	元件數量
1	磁簧開關	1
2	光敏電阻	1
3	LM35(溫度感測器)	1
4	蜂鳴器	1
5	LED(發光二極體)	1
6	直流小馬達(額定電壓 1.5V)	1
7	電阻(330Ω)	1
8	電阻(10kΩ)	1
9	9013(NPN 電晶體)	1

備註：配合 isPLC 的 AD 參考電壓(5V)與解析度(1024)，LM35 量取電壓轉換為攝氏溫度的公式
　　　如下：

$$temp = (5.0 * AD(PIN) * 100.0) ╱ 1024$$

【IO 接點表】

輸入	說明	輸出	說明
X0	磁簧開關	Y1	蜂鳴器
A0	量取光敏電阻之分壓	Y2	LED 燈泡
A1	量取 LM35 分壓	Y3	直流小馬達

【isPLC 階梯圖】

*當磁簧開關觸發時，Y1輸出PWM訊號驅動蜂鳴器

```
  X0                                                          [ PWM K1024 K512 K0 ]
  ┤├
```

*從A0腳位讀取電壓值，將對應的類比數值存在D0資料暫存器

```
  M0                                                          [ AD K0 D0 ]
  ┤/├
```

*判斷光敏電阻偵測亮度的數值(D0)，當D0<=200則開啟LED

```
  <= D0 K200                                                  ( M1 )
  ┤├
```

*判斷光敏電阻偵測亮度的數值(D0)，當D0>200則關閉LED

```
  > D0 K200                                                   ( M2 )
  ┤├
```

*LED 開啟 / 關閉 判斷條件

```
  M1      M2                                                  ( Y2 )
  ┤├──────┤/├
```

*A1腳位讀取LM35所量得之電壓，並且將類比數值存入D1資料暫存器，經轉換公式((5*A1*100)/1024)求得攝氏溫度

```
  M0                                                          [ AD K1 D1 ]
  ┤/├──┬─────────────────────────────────────────────────
       │                                                     [ MUL D1 K5 D2 ]
       ├─────────────────────────────────────────────────
       │                                                     [ MUL D2 K100 D3 ]
       ├─────────────────────────────────────────────────
       │                                                     [ DIV D3 K1024 D4 ]
       └─────────────────────────────────────────────────
```

*如通攝氏溫度大於30度，開啟風扇；溫度小於30度，開閉風扇

```
  >= D4 K30                                                   ( Y3 )
  ┤├

                                                             [ END ]
```

【isPLC 配線圖】

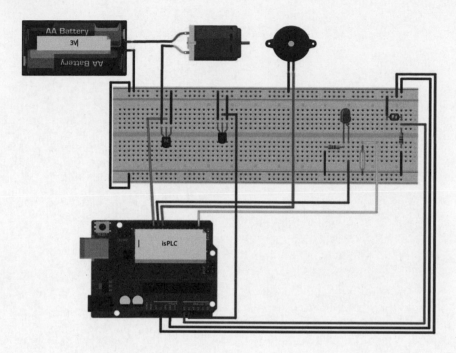

Chapter 6

PLC 的 SFC 設計實習

6-1 SFC 簡介

　　順序功能流程圖(Sequential Function Chart, SFC)簡稱 SFC，是一種流程圖式的 PLC 設計法，與其說是程式設計，倒不如說是一種流程圖的規劃，因為 SFC 終究是要與階梯圖(LD)結合，才能發揮它的作用。儘管 SFC 僅比 LD 多使用了兩個指令—STL 和 RET，而使用的元件則是多了 S 元件，但是當 SFC 的流程架構和 LD 的設計邏輯結合以後，將使 PLC 設計能力產生相乘的效果。對於具傳統程式設計流程圖思維的 PLC 程式設計者來說，複雜的問題將被簡單化與系統化。也可以說，SFC 與 LD 的結合將大幅縮短複雜功能的設計時間，同時也會使偵錯變得容易許多。

◆ 6-1-1 SFC 的架構與語法

　　FX 系列 PLC 支援的狀態繼電器編號各有其用途，其中前 900 個狀態繼電器 S0～S899 的功能說明如下：

1. S0～S9 為初始步進狀態點，所以最多可以有 10 個步進流程。
2. S10～S19 為原點復歸用，也可當作一般用步進狀態點。
3. S20～S499 為一般用步進狀態點。
4. S500～S899 為停電保持用。

至於 SFC 架構的基本元素則如圖 6-1 所示。

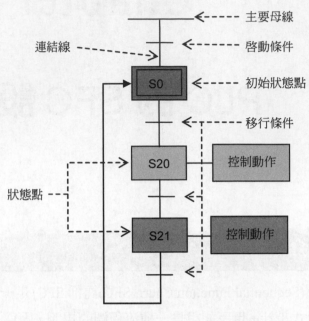

圖 6-1　SFC 基本元素說明圖

圖 6-1 的 SFC 基本元素包括：

1. 啓動條件：程式執行，符合啓動條件後，進入初始狀態點。啓動條件可以是單接點條件，也可以是一個組合各元件和邏輯的階梯圖程式。

2. 初始狀態點：啓動時執行的動作，使用的 S 元件編號爲 S0～S9。

3. 狀態點：程式運行過程中的狀態，進入該狀態點表示滿足前面的啓動條件或移行條件。

4. 移行條件：控制目前狀態點轉移到下一個狀態點的條件，用法與啓動條件相同。

5. 控制動作：在某狀態點下所要執行的動作，規劃方法類似階梯圖。

 ### 6-1-2　SFC 與步進階梯圖

步進階梯圖(Step Ladder Diagram)是以階梯圖的方式來表示流程式的規劃，SFC 可直接轉換爲步進階梯圖，步進階梯圖與前面單純的階梯圖只增加了 STL 與 RET 指令。透過 STL 與 RET 指令用來在 LD 或 IL 設計中呈現 SFC 的架構。

▼表 6-1　步進階梯指令

指令名稱	功能	適用元件	迴路表示
STL	步進階梯圖開始	S	⊣▮▮⊢⊣⊢───◯
RET	步進階梯流程結束		⊣▮▮⊢⊣⊢───◯ RET

STL 及 RET 指令在 LD 和 IL 設計上的用法如下：

1. STL 指令用來啟始執行狀態點(S)的動作。語法使用如下：

S20
⊣▯▯───── Y2

2. RET 指令是結束狀態點的動作，用來回到主要母線。

將 SFC 轉換為步進階梯圖及指令表，可對照圖 6-2。

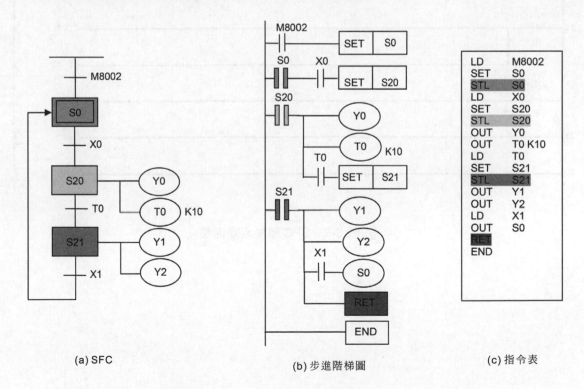

(a) SFC　　　　　　　(b) 步進階梯圖　　　　　　(c) 指令表

⬆圖 6-2　SFC、步進階梯圖及指令表對照在三菱的 PLC 程式編輯器 GX Developer 中，可將 SFC 語法轉換成階梯圖(LD)語法的表示型式，如圖 6-3 所示。

```
  M8002
0 ┤├                                              [SET    S0  ]

3                                                 [STL    S0  ]

  X000
4 ┤├                                              [SET    S20 ]

7                                                 [STL    S20 ]

8 ┌─                                              (Y000    )
  │                                                        K10
  └─                                              (T0      )

  T0
12┤├                                              [SET    S21 ]

15                                                [STL    S21 ]

16┌─                                              (Y001    )
  │
  └─                                              (Y002    )

  X001
18┤├                                              (S0      )

21                                                [RET     ]

22                                                [END     ]
```

⬆ 圖 6-3　SFC 轉換成階梯圖

◆6-1-3　SFC 的設計方法

SFC 的設計架構主要分為三種：單一流程、選擇式分歧與並進式分歧。此外，流程中亦可結合狀態點的跳躍，產生更豐富的功能，底下說明三種 SFC 主要架構(含其對應的流程圖)，及步進狀態點的跳躍。

一、單一流程 SFC

單一流程 SFC 可以看成是基本的程序流程圖，每個狀態點對應一個節點，每個移行條件對應一個決策條件，如圖 6-4 為單一流程 SFC 說明例。

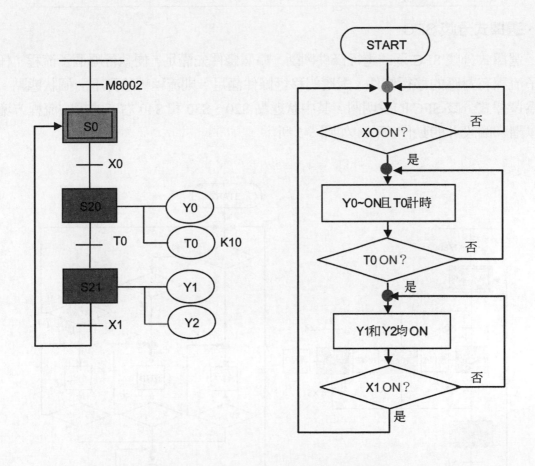

⬆ 圖 6-4　單一流程 SFC 與其對應流程圖

上面選擇式分歧 SFC 的階梯程式顯示於下：

LD	M8002		STL	S21	
SET	S0		OUT	Y1	
STL	S0		OUT	Y2	
LD	X0		LD	X1	
SET	S20		OUT	S0	
STL	S20		RET		
OUT	Y0		END		
OUT	T0	K10			
LD	T0				
SET	S21				

二、選擇式分歧 SFC

　　選擇式分歧 SFC 逐一進行條件判斷，哪個條件先滿足，便執行哪個子流程；任一個子流程有對應的移行條件，對應的移行條件滿足，則流程轉移到下一個狀態點。下圖為選擇式分歧 SFC 的說明例，其中狀態點 S20、S30 和 S40 右方連接的流程方塊代表以階梯圖設計的動作流程，如圖 6-5 所示。

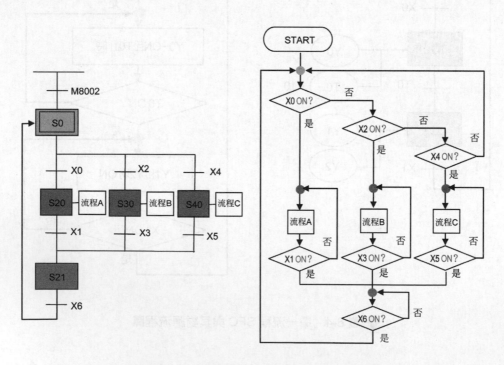

⬆圖 6-5　選擇式分歧 SFC 與其對應流程圖

如圖 6-5 選擇式分歧 SFC 的階梯程式顯示於下：

LD	M8002	STL	S20	STL	S21
SET	S0	流程 A 階梯程式		LD	X6
STL	S0	STL	S30	OUT	S0
LD	X0	流程 B 階梯程式		RET	
SET	S20	STL	S40	END	
LD	X2	流程 C 階梯程式			
SET	S30	STL	S20		
LD	X4	LD	X1		
SET	S40	SET	S21		
		STL	S30		
		LD	X3		
		SET	S21		
		STL	S40		
		LD	X5		
		SET	S21		

三、並進式分歧 SFC

並進式分歧 SFC 在某一特定移行條件滿足後，多個子流程同時並進，每個子流程再經由另一個移行條件，合流到下一個狀態點。如圖 6-6 為並進式分歧 SFC 的說明例，其中狀態點 S20、S30 和 S40 右方連接的流程方塊代表以階梯圖設計的動作流程。

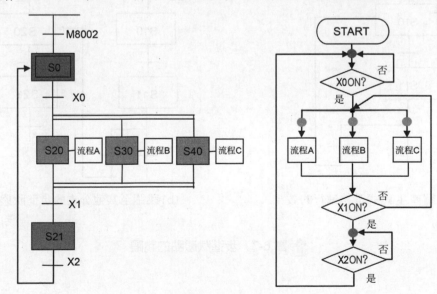

▲圖 6-6　並進式分歧 SFC 與其對應流程圖

上面並進式分歧 SFC 的階梯程式顯示於下：

LD	M8002	STL		S20	LD		X1
SET	S0	流程 A 階梯程式			SET		S21
STL	S0	STL		S30	STL		S21
LD	X0	流程 B 階梯程式			LD		X2
SET	S20	STL		S40	OUT		S0
SET	S30	流程 C 階梯程式			RET		
SET	S40	STL		S20	END		
		STL		S30			
		STL		S40			

四、步進狀態點的跳躍

在進行 SFC 的設計時，常見到為了避免設計重複的動作，或因應移行條件與對應步進狀態的連結，常有從 A 步進狀態點跳躍至 B 步進狀態點(非回到初始狀態點)的設計，這類的設計可稱為步進狀態點的跳躍，如圖 6-7 列出幾種常見跳躍的方式。

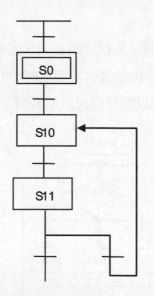

(a) 跳躍產生程式重複執行的效果

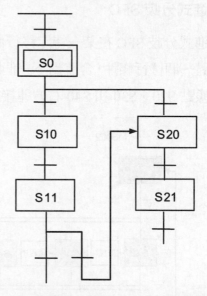

(b) 跳躍至其他分支的步進狀態點

圖 6-7　步進狀態點的跳躍

6-2　SFC 設計實習

在本單元的 SFC 實習範例中，三菱的 FX 系列 PLC 與威力自動化的 isPLC 均可適用，惟須注意的是：三菱 FX 系列 PLC 的步進狀態點區分為初始狀態(S0～S9)和一般狀態(S10 以後)，兩者不能混用，而 isPLC 的步進狀態點(只有 S0～S19)則不限定區分使用。書上的範例是以三菱 FX 系列 PLC 的步進狀態繼電器編號進行設計，若要使用 isPLC，請自行將步進狀態繼電器修改至 S0～S19 的範圍即可。

 ### 6-2-1　閃爍燈號次數控制

【學習目標】

熟悉 SFC 的基本設計與跳躍應用。

【實習功能說明】

每按一次 X0，則燈號 Y0 會以週期 1 秒亮滅 5 次後停止，如圖 6-8 所示。

Y0

⬆圖 6-8　閃爍燈號示意圖

【實習材料表】

編號	元件名稱	元件數量
1	切換開關	1
2	1.5V 電池(含電池盒)	2
3	LED 指示燈	1
4	220Ω 電阻	1
5	單心線	若干

【IO 接點表】

輸入	說明	輸出	說明
X0	開關	Y0	指示燈 1

【SFC】

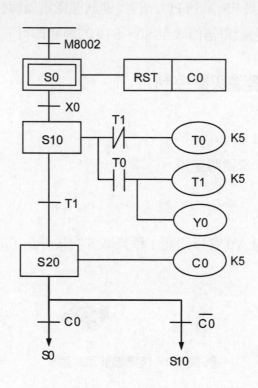

【階梯圖】

```
M8002
  ─┤├──────────────────────────────────────────────[ SET S0 ]
  ─────────────────────────────────────────────────[ STL S0 ]
  ─────────────────────────────────────────────────[ RST C0 ]
X0
  ─┤↑├─────────────────────────────────────────────[ SET S10 ]
  ─────────────────────────────────────────────────[ STL S10 ]
T1
  ─┤/├──────────────────────────────────────────────{ T0 K5 }
T0
  ─┤├───────────────────────────────────────────────{ T1 K5 }
                              └──────────────────────{  Y0  }
T1
  ─┤├──────────────────────────────────────────────[ SET S20 ]
  ─────────────────────────────────────────────────[ STL S20 ]
  ──────────────────────────────────────────────────{ C0 K5 }
C0
  ─┤├───────────────────────────────────────────────{  S0  }
C0
  ─┤/├──────────────────────────────────────────────{  S10  }
  ─────────────────────────────────────────────────[ RET ]
  ─────────────────────────────────────────────────[ END ]
```

【指令表】

LD	M8002			LD	T1	
SET	S0			SET	S20	
STL	S0			STL	S20	
RST	C0			OUT	C0	K5
LD	X0			LD	C0	
SET	S10			OUT	S0	
STL	S10			LDI	C0	
LDI	T1			OUT	S10	
OUT	T0	K5		RET		
LD	T0			END		
OUT	T1	K5				
OUT	Y0					

【設計說明】

1. PLC 開機，透過 M8002 的觸發信號使狀態進入初始狀態點 S0，並使計數器 C0 重置。

2. 按下 X0，進入步進狀態點 S10，啟動閃爍機制；每完成一次閃爍(T1 為 ON)，則 進入步進狀態點 S20，並計次 1 次。當計數器 C0 未達 5 次(C0 為 OFF)，則跳躍 至步進狀態點 S10，繼續閃爍 1 次；當計數器 C0 計次達 5 次(C0 為 ON)，則跳躍 至初始狀態點 S0，並重置 C0。

【PLC 配線圖】

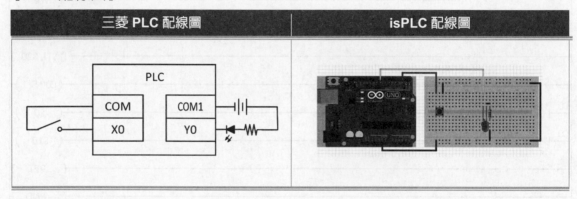

【思考題】

1. 同原範例功能，但增加立即停止閃爍功能。當按下 X1 按鈕時，閃爍動作立即停 止，Y0 停在燈滅的狀態，且閃爍次數重置。

2. 同原範例功能，但增加立即停止閃爍功能。當按下 X1 按鈕時，閃爍動作暫停， Y0 停在當時狀態(可能是滅或亮)，再按一次 X1 繼續燈號計次。

跑馬燈控制

6-2-2　跑馬燈控制

【學習目標】

熟悉 SFC 啟始條件的規劃與選擇式分歧 SFC 的設計應用。

【實習功能說明】

當開關 X0 按下 ON 後鬆開，燈號依 Y0、Y1、Y2、Y3 的順序依序亮滅；當開關 X1 按下 ON 後鬆開，燈號依 Y3、Y2、Y1、Y0 的順序依序亮滅；當 X2 為 ON 時，則燈號熄滅，如圖 6-9 所示。

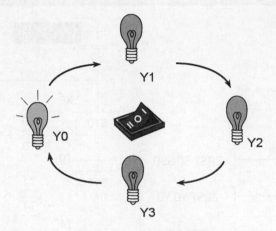

圖 6-9　跑馬燈示意圖

【實習材料表】

編號	元件名稱	元件數量
1	切換開關	1
2	1.5V 電池(含電池盒)	2
3	LED 指示燈	4
4	220Ω 電阻	4
5	單心線	若干

【IO 接點表】

輸入	說明	輸出	說明
X0	開關	Y0	指示燈 1
X1	燈號編號由大到小依序亮滅	Y1	指示燈 2
X2	停止作動，所有燈號全滅。	Y2	指示燈 3
		Y3	指示燈 4

【SFC】

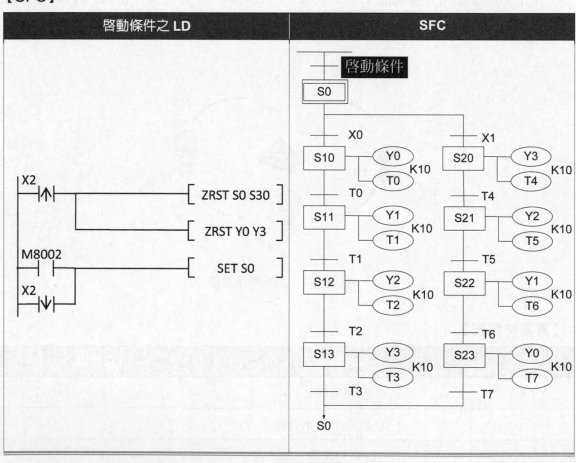

【階梯圖】

```
  X2 ↑
──┤├─┬──────────────────────────────────[ ZRST S0 S30 ]
     └──────────────────────────────────[ ZRST Y0 Y3 ]

 M8002
──┤├─┬──────────────────────────────────[ SET S0 ]
  X2 ↓
──┤├─┘

──────────────────────────────────────────[ STL S0 ]

  X0
──┤├─────────────────────────────────────[ SET S10 ]
  X1
──┤├─────────────────────────────────────[ SET S20 ]

──────────────────────────────────────────[ STL S10 ]
 ──────────────────────────────────────────( Y0 )
     ┌──────────────────────────────────( T0 K10 )
  T0
──┤├─────────────────────────────────────[ SET S11 ]

──────────────────────────────────────────[ STL S11 ]
 ──────────────────────────────────────────( Y1 )
     ┌──────────────────────────────────( T1 K10 )
  T1
──┤├─────────────────────────────────────[ SET S12 ]

──────────────────────────────────────────[ STL S12 ]
 ──────────────────────────────────────────( Y2 )
     ┌──────────────────────────────────( T2 K10 )
  T2
──┤├─────────────────────────────────────[ SET S13 ]

──────────────────────────────────────────[ STL S13 ]
 ──────────────────────────────────────────( Y3 )
     ┌──────────────────────────────────( T3 K10 )

──────────────────────────────────────────[ STL S20 ]
 ──────────────────────────────────────────( Y3 )
     ┌──────────────────────────────────( T4 K10 )
  T4
──┤├─────────────────────────────────────[ SET S21 ]

──────────────────────────────────────────[ STL S21 ]
 ──────────────────────────────────────────( Y2 )
     ┌──────────────────────────────────( T5 K10 )
  T5
──┤├─────────────────────────────────────[ SET S22 ]

──────────────────────────────────────────[ STL S22 ]
 ──────────────────────────────────────────( Y1 )
     ┌──────────────────────────────────( T6 K10 )
  T6
──┤├─────────────────────────────────────[ SET S23 ]

──────────────────────────────────────────[ STL S23 ]
 ──────────────────────────────────────────( Y0 )
     ┌──────────────────────────────────( T7 K10 )

──────────────────────────────────────────[ STL S13 ]
  T3
──┤├─────────────────────────────────────( S0 )

──────────────────────────────────────────[ STL S23 ]
  T7
──┤├─────────────────────────────────────( S0 )

──────────────────────────────────────────[ RET ]

──────────────────────────────────────────[ END ]
```

【指令表】

LDP		X2	STL		S12	STL		S22
ZRST	S0	S30	OUT	Y2		OUT	Y1	
ZRST	Y0	Y3	OUT	T2	K10	OUT	T6	K10
LD		M8002	LD		T2	LD	T6	
ORF	X2		SET		S13	SET	S23	
SET		S0	STL		S13	STL		S23
STL		S0	OUT	Y3		OUT	Y0	
LD		X0	OUT	T3	K10	OUT	T7	K10
SET		S10	STL	S20		STL		S13
LD		X1	OUT	Y3		LD	T3	
SET		S20	OUT	T4	K10	OUT	S0	
STL		S10	LD	T4		STL		S23
OUT	Y0		SET	S21		LD	T7	
OUT	T0	K10	STL	S21		OUT	S0	
LD		T0	OUT	Y2		RET		
SET		S11	OUT	T5	K10	END		
STL		S11	LD	T5				
OUT	Y1		SET	S22				
OUT	T1	K10						
LD		T1						
SET		S12						

【設計說明】

1. 啓動條件設計考慮按下停止開關 X2 的處理。按下 X2 觸發的上緣訊號立即重置 S0～S30 和 Y0～Y3，此舉可以使進行中的跑馬燈立即停止。鬆開 X2 觸發的下緣 訊號，並聯開機時 M8002 的觸發信號，則使狀態進入 S0。

2. 利用選擇式分歧設計，依不同的移行條件進入正向跑馬燈(X0 為 ON)和反向跑馬 燈(X1 為 ON)。

3. 跑馬燈的切換(即步進狀態點的移行)是使用計時器線圈做為移行條件。

【PLC 配線圖】

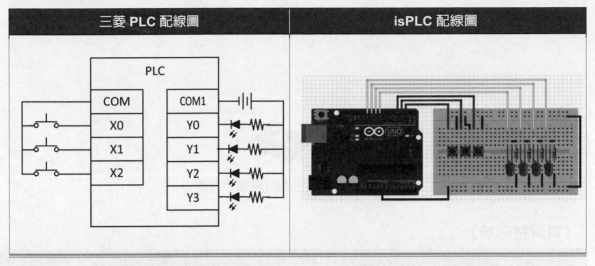

三菱 PLC 配線圖	isPLC 配線圖

【思考題】

1. 以一個輸入開關(X0)來控制四個指示燈(Y0、Y1、Y2、Y3)，並可以依序 [Y0→Y1→Y2→Y3→Y2→Y1]→Y0→Y1-…循環亮滅。

2. 設計一循環跑馬燈[Y0→Y1→Y2→Y3]，符合 X0 為啟動開關、X1 為停止開關、X2 為模式切換開關(即當 X2 為 ON 時，跑馬燈為自動模式；當 X2 為 OFF 時，跑馬燈為手動模式)、X3 為單動開關(手動模式時的燈號運作)。

 6-2-3　三段式開關

【學習目標】

熟悉單一流程 SFC 及組合多種邏輯之移行條件。

【實習功能說明】

以一個切換式開關(X0)控制三個指示燈(Y0、Y1、Y2)。第一次開關 ON，亮一盞燈(Y0)；第二次開關 ON，亮兩盞燈(Y0 及 Y1)；第三次開關 ON，亮三盞燈(Y0、Y1 及 Y2)；在一次開關 ON，則重複第一次開關 ON 的動作，如圖 6-10 所示。

⬆圖 6-10　三段式開關示意圖

【實習材料表】

編號	元件名稱	元件數量
1	切換開關	1
2	1.5V 電池(含電池盒)	2
3	LED 指示燈	3
4	220Ω 電阻	3
5	單心線	若干

【IO 接點表】

輸入	說明	輸出	說明
X0	開關	Y0	燈號 1
		Y1	燈號 2
		Y2	燈號 3

【SFC】

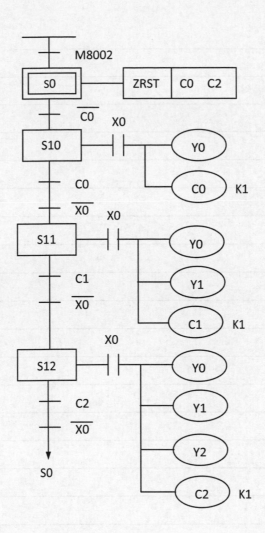

【階梯圖】

```
 M8002
──┤├──────────────────────────────────────────────[ SET S0 ]

─────────────────────────────────────────────────[ STL S0 ]

─────────────────────────────────────────────────[ ZRST C0 C2 ]

  C0
──┤╱├──────────────────────────────────────────────[ SET S10 ]

─────────────────────────────────────────────────[ STL S10 ]

  X0
──┤├──┬──────────────────────────────────────────( Y0 )
      │
      └──────────────────────────────────────────( C0 K1 )

  C0      X0
──┤├────┤╱├────────────────────────────────────────[ SET S11 ]

─────────────────────────────────────────────────[ STL S11 ]

  X0
──┤├──┬──────────────────────────────────────────( Y0 )
      │
      ├──────────────────────────────────────────( Y1 )
      │
      └──────────────────────────────────────────( C1 K1 )

  C1      X0
──┤├────┤╱├────────────────────────────────────────[ SET S12 ]

─────────────────────────────────────────────────[ STL S12 ]

  X0
──┤├──┬──────────────────────────────────────────( Y0 )
      │
      ├──────────────────────────────────────────( Y1 )
      │
      ├──────────────────────────────────────────( Y2 )
      │
      └──────────────────────────────────────────( C2 K1 )

  C2      X0
──┤├────┤╱├────────────────────────────────────────[ SET S0 ]

─────────────────────────────────────────────────[ RET ]

─────────────────────────────────────────────────[ END ]
```

【指令表】

LD	M8002		LD	C1	
SET	S0		ANI	X0	
STL	S0		SET	S12	
ZRST	C0	C2	STL	S12	
LDI	C0		LD	X0	
SET	S1		OUT	Y0	
STL	S10		OUT	Y1	
LD	X0		OUT	Y2	
OUT	Y0		OUT	C2	K1
OUT	C0	K1	LD	C2	
LD	X0		ANI	X0	
ANI	X0		OUT	S0	
SET	S11		RET		
STL	S11		END		
LD	X0				
OUT	Y0				
OUT	Y1				
OUT	C1	K1			

【設計說明】

1. PLC 開機，透過 M8002 的觸發信號使狀態進入 S0，並進行 C0～C2 的重置。

2. 規劃步進狀態 S10 亮 1 個燈、步進狀態 S11 亮 2 個燈、步進狀態 S12 亮 3 個燈，至於狀態的轉移則根據計數器與開關 X0 的組合來進行。

【配線圖】

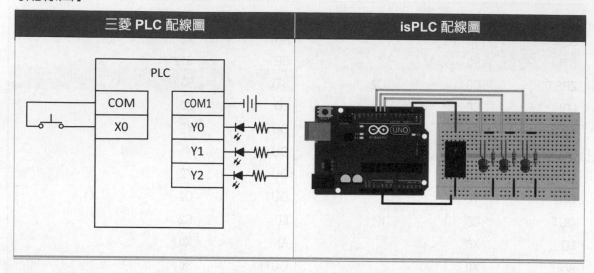

| 三菱 PLC 配線圖 | isPLC 配線圖 |

【思考題】

1. 四段式開關如何設計？

2. 設計一個三段式開關，功能為：第一段 Y0 亮、第二段 Y1、Y3 亮、第三段全亮。

3. 設計一三段式開關，除原題目功能外，當 X0 切至 OFF 的時間超過 3 秒鐘，所有燈號動作會從亮一個燈開始動作。

 6-2-4 工件移載與加工

【學習目標】

了解 SFC 的流程規劃。

【實習功能說明】

1. 按啟動鈕(X2)，馬達反轉(Y1 為 ON)，平台向左(←)移動。

2. 當平台至位置 X0 時，平台停止，加工單元啟動(Y4 為 ON)向下，X5 為 ON 時加工單元停止向下(Y4 為 OFF)；接著加工單元向上復歸(Y5 為 ON)，直到 X4 為 ON 時加工單元停止向上(Y5 為 OFF)，即完成加工操作。

3. 完成加工，平台隨即啟動向右移動(Y0 為 ON)返回至 X1 停止(Y0 為 OFF)。

4. 執行過程中，若按復歸鈕(X3)後，加工單元向上復歸(Y5 為 ON)至 X4 位置，且平台復歸至 X1 位置(→)，如圖 6-11 所示。

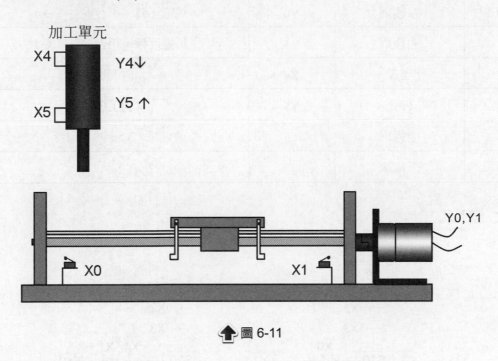

圖 6-11

【實習材料表】

編號	元件名稱	元件數量
1	切換開關	6
2	1.5V 電池(含電池盒)	2
3	LED 指示燈	4
4	220Ω 電阻	4
5	單心線	若干

【IO 接點表】

輸入	說明	輸出	說明
X0	左極限	Y0	馬達正轉，平台向右（→）
X1	右極限	Y1	馬達反轉，平台向左（←）
X2	啓動	Y4	向下加工
X3	停止	Y5	加工復歸
X4	上極限		
X5	下極限		

【SFC 圖】

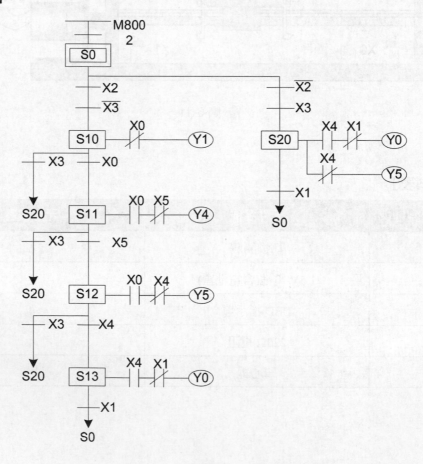

【階梯圖】

```
 M8002
─┤ ├──────────────────────────────────────────────────[ SET S0 ]
─────────────────────────────────────────────────────[ STL S0 ]
 X2      X3
─┤ ├─────┤/├──────────────────────────────────────────[ SET S10 ]
 X2      X3
─┤/├─────┤ ├──────────────────────────────────────────[ SET S20 ]
─────────────────────────────────────────────────────[ STL S10 ]
 X0
─┤/├──────────────────────────────────────────────────( Y1 )
 X0
─┤ ├──────────────────────────────────────────────────[ SET S11 ]
 X3
─┤ ├──────────────────────────────────────────────────( S20 )
─────────────────────────────────────────────────────[ STL S11 ]
 X0      X5
─┤ ├─────┤/├──────────────────────────────────────────( Y4 )
 X5
─┤ ├──────────────────────────────────────────────────[ SET S12 ]
 X3
─┤ ├──────────────────────────────────────────────────( S20 )
─────────────────────────────────────────────────────[ STL S12 ]
 X0      X4
─┤ ├─────┤/├──────────────────────────────────────────( Y5 )
 X4
─┤ ├──────────────────────────────────────────────────[ SET S13 ]
 X3
─┤ ├──────────────────────────────────────────────────( S20 )
─────────────────────────────────────────────────────[ STL S13 ]
 X4      X1
─┤ ├─────┤/├──────────────────────────────────────────( Y0 )
─────────────────────────────────────────────────────[ STL S20 ]
 X4      X1
─┤ ├─────┤/├──────────────────────────────────────────( Y0 )
 X4
─┤/├──────────────────────────────────────────────────( Y5 )
─────────────────────────────────────────────────────[ STL S13 ]
 X1
─┤ ├──────────────────────────────────────────────────( S0 )
─────────────────────────────────────────────────────[ STL S20 ]
 X1
─┤ ├──────────────────────────────────────────────────( S0 )
─────────────────────────────────────────────────────[ RET ]
─────────────────────────────────────────────────────[ END ]
```

【指令表】

LD	M8002	STL	S11	STL	S13
SET	S0	LD	X0	LD	X4
STL	S0	ANI	X5	ANI	X1
LD	X2	OUT	Y4	OUT	Y0
ANI	X3	LD	X5	STL	S20
SET	S10	SET	S12	LD	X4
LDI	X2	LD	X3	ANI	X1
AND	X3	OUT	S20	OUT	Y0
SET	S20	STL	S12	LDI	X4
STL	S10	LD	X0	OUT	Y5
LDI	X0	ANI	X4	STL	S13
OUT	Y0	OUT	Y5	LD	X1
LD	X0	LD	X4	OUT	S0
SET	S11	SET	S13	STL	S20
LD	X3	LD	X3	LD	X1
OUT	S20	OUT	S20	OUT	S0
				RET	

【設計說明】

1. PLC 開機,透過 M8002 的觸發信號使狀態進入 S0。

2. 狀態 S0 之後為選擇是分歧,分別為啟動(X2 為 ON、X3 為 OFF)進入 S10 狀態與停止(X3 為 ON 、X2 為 OFF)進入 S20 狀態。

3. 在停止狀態 S20 下,設計動作流程為先確保加工單元復歸(Y5 為 ON,直到加工單元返回至 X4),接著進行平台的復歸(Y0 為 ON,直到平台返回至 X1)。

4. 在啟動狀態下,依程序規劃對應的步進狀態 S11(平台到達左極限)、S12(加工單元到達下極限)、S13(加工單元返回至上極限),並設計各步進狀態要運行的動作流程。此外,每個步進狀態下方均有一分支,當按下 X3 時可以跳躍至處理停止按鈕的步進狀態 S20。

【PLC 配線圖】

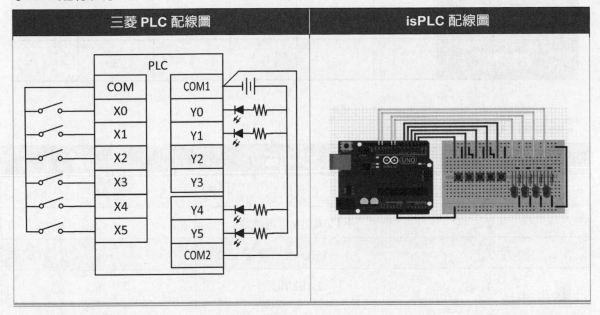

| 三菱 PLC 配線圖 | isPLC 配線圖 |

【思考題】

　　若加工單元向下加工到達 X5 位置後停止 3 秒再返回 X4 位置，試修改階梯程式以符合上述功能。

 6-2-5 紅綠燈控制

【學習目標】

　　了解並進式分歧 SFC 之設計與應用。

【實習功能說明】

　　當橫向馬路綠燈時，縱向馬路為紅燈；5 秒後橫向馬路綠燈閃爍 2 秒，改為黃燈 1 秒，縱向馬路紅燈不變；接著橫向馬路保持紅燈 8 秒，縱向馬路先保持綠燈 5 秒再閃爍 2 秒，改為黃燈 1 秒。如此反覆紅綠燈變化。

路口 1	綠	綠(閃)	黃	紅	紅	紅
路口 2	紅	紅	紅	綠	綠(閃)	黃
時間(秒)	5	2	1	5	2	1

【實習材料表】

編號	元件名稱	元件數量
1	切換開關	1
2	1.5V 電池(含電池盒)	2
3	LED 指示燈	6
4	220Ω 電阻	6
5	單心線	若干

【IO 接點表】

輸入	說明	輸出	說明
X0	總開關	Y0	縱向綠燈
		Y1	縱向黃燈
		Y2	縱向紅燈
		Y3	橫向紅燈
		Y4	橫向黃燈
		Y5	橫向綠燈

【SFC 圖】

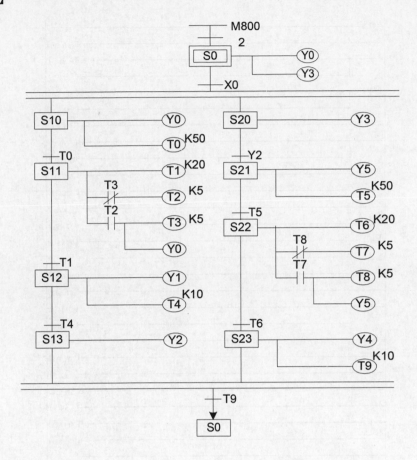

【階梯圖】

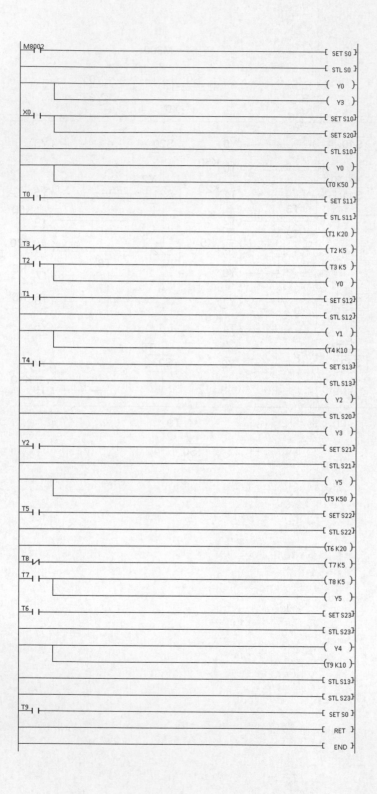

【指令表】

LD	M8002		OUT	T3	K5	LD	T5	
SET	S0		MPP			SET	S22	
STL	S0		OUT	Y0		STL	S22	
OUT	Y0		LD	T1		OUT	T6	K20
OUT	Y3		SET	S12		LDI	T8	
LD	X0		STL	S12		OUT	T7	K5
SET	S10		OUT	Y1		LD	T7	
SET	S20		OUT	T4	K10	OUT	T8	K5
STL	S10		LD	T4		OUT	Y5	
OUT	Y0		SET	S13		LD	T6	
OUT	T0	K50	STL	S13		SET	S23	
LD	T0		OUT	Y2		STL	S23	
SET	S11		STL	S20		OUT	Y4	
STL	S11		OUT	Y3		OUT	T9	K10
OUT	T1	K20	LD	Y2		STL	S13	
LDI	T3		SET	S21		STL	S23	
OUT	T2	K5	STL	S21		LD	T9	
LD	T2		OUT	Y5		SET	S0	
MPS			OUT	T5	K50	RET		

【設計說明】

1. PLC 開機，透過 M8002 的觸發信號使狀態進入 S0，並使路口 1 的綠燈(Y0)和路口 2 的紅燈(Y3)亮。

2. 按下 X0 按鈕後，兩路口燈號以並進的方式運行。

3. 路口 1 進入步進狀態 S10，使綠燈亮，T0 開始計時(5 秒)，計時到達(T1 為 ON)則進入步進狀態 S11；狀態 S11 進行綠燈閃爍程序，由 T1 計時 2 秒，2 秒中由 T2 和 T3 控制綠燈(Y0)閃爍 2 次，T1 計時完成即進入步進狀態 S12；狀態 S12 使黃燈亮，並持續 1 秒鐘(由 T4 計時)，計時到達(T4 為 ON)則進入步進狀態 S13；狀態 S13 使紅燈亮，並另一流程的計時器 T9 為 ON 後，重複燈號動作。

4. 路口 2 的設計流程與路口 1 相似。

【PLC 配線圖】

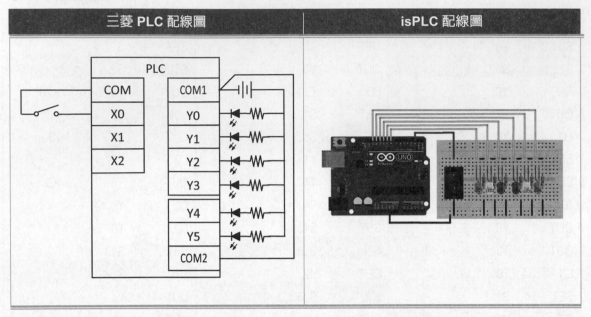

三菱 PLC 配線圖	isPLC 配線圖

【思考題】

增加閃黃燈功能。X0 為 ON 時，紅綠燈為正常啟動；X1 為 ON 時，兩路口閃黃燈；X2 為 ON 時，所有燈號熄滅。

 ## 6-2-6　氣壓負載設備控制

【學習目標】

　　氣壓負載實習箱各分解單元模組的 SFC 設計。

【實習功能說明】

　　本實習單元拆解一氣壓負載實習箱，針對各機構模組單元，進行 SFC 的設計實習。氣壓負載實習箱如圖 6-12。

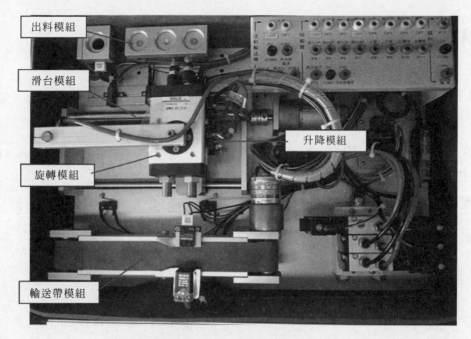

↟圖 6-12　氣壓負載實習箱

　　將氣壓負載實習箱的動作流程分解成以下實習單元：

一、輸送帶模組實習

　　每按下開關 X0，輸送帶啟動(Y0 為 ON)，直至料件移動到料件定位點感測器 X1 後，輸送帶停止(Y0 為 OFF)，如圖 6-13 所示。

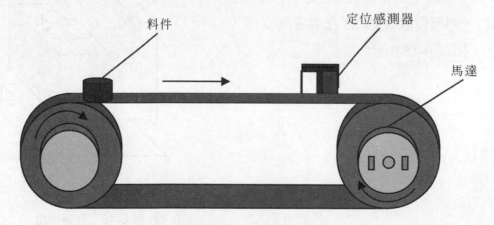

↟圖 6-13　輸送帶模組

二、升降模組實習

　　按下開關 X0，升降模組上升(Y0 為 ON)，直至上端點感測器 X1 後升降模組停止；再按下 X0，升降模組下降(Y0 OFF)，直至下端點 X2 後升降模組停止，如圖 6-14 所示。

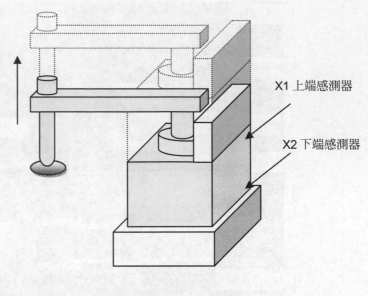

X1 上端感測器

X2 下端感測器

⬆圖 6-14　升降模組

三、迴轉模組實習

　　每按下 X0，迴轉模組向右迴轉(Y0 為 ON)，迴轉臂觸碰到 X2 右端感測器後停止；按下 X1，迴轉模組向左迴轉(Y0 為 OFF)，迴轉臂觸碰到 X3 左端感測器後停止，如圖 6-15 所示。

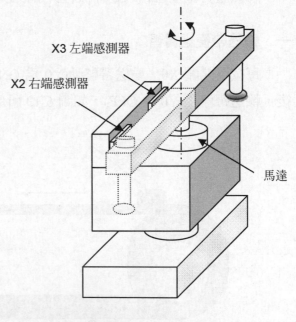

X3 左端感測器

X2 右端感測器

馬達

⬆圖 6-15　旋轉模組

四、滑台模組實習

每按下 X0，馬達正轉(Y0 為 ON)，滑台向左移動；按下 X1，馬達反轉(Y1 為 OFF)；滑台向右移動；按下 X2，馬達停止，如圖 6-16 所示。

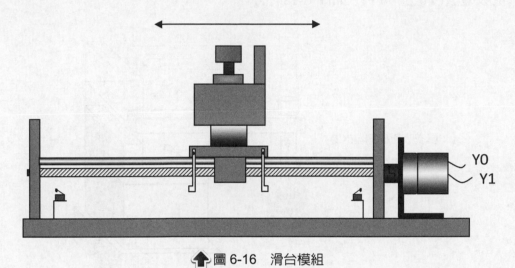

▲ 圖 6-16　滑台模組

五、出料模組實習

按第一下 X0，滑台模組移至感測器 2(X2)；按第二下 X0，滑台模組移至感測器 3(X3)；按第三下 X0，滑台模組移至感測器 4(X4)；按第四下 X0，滑台模組回到感測器 1(X1)，如圖 6-17 所示。

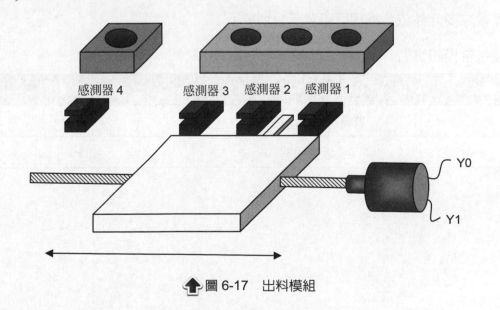

▲ 圖 6-17　出料模組

六、組合真空吸盤模組與升降模組實習

　　每按下 X0，升降模組下降(Y1 為 OFF)至下端點(X2)，啟動真空吸盤吸(Y0 為 ON)直至真空吸盤感測器(X4) ON；升降模組上升(Y1 為 ON)至上端點(X3)，手動取料按下 X1 真空吸盤放(Y0 為 OFF)，如圖 6-18 所示。

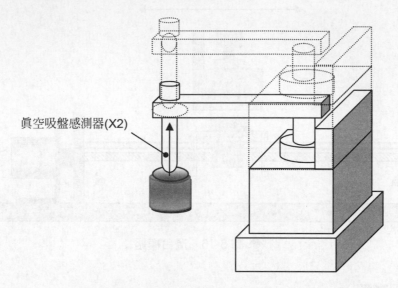

真空吸盤感測器(X2)

⬆圖 6-18　組合真空吸盤模組與升降模組

【實習材料表】

　　實習主要元件依各機構模組單元分列於下：

1. 輸送帶模組實習

編號	主要元件名稱	元件數量
1	直流馬達(含減速機)	1
2	近接開關	1

2.　升降模組實習

編號	主要元件名稱	元件數量
1	單向氣壓缸	1
2	單邊電磁閥(X 口 X 位)	1
3	近接開關	2

3.　迴轉模組實習

編號	主要元件名稱	元件數量
1	迴轉氣壓缸	1
2	單邊電磁閥(X 口 X 位)	1
3	近接開關	2

4.　滑台模組實習

編號	主要元件名稱	元件數量
1	直流馬達(含減速機)	1
2	光遮斷感測器	4

5.　出料模組實習

編號	主要元件名稱	元件數量
1	按鈕開關	4
2	3V 繼電器	2

6.　組合真空吸盤模組與升降模組實習

編號	主要元件名稱	元件數量
1	單邊電磁閥	1
2	真空產生器	1
3	真空壓力開關	1

【PLC 配線圖】

各實習單元的電路接線如下：

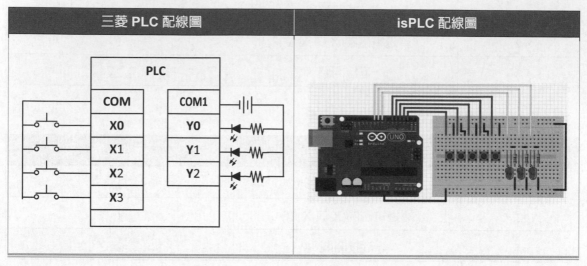

三菱 PLC 配線圖	isPLC 配線圖

【IO 接點表】

各機構模組實習單元的 IO 接點分列如下：

1. 輸送帶模組實習

輸入	說明	輸出	說明
X0	開關	Y0	輸送帶馬達
X1	料件定位感測器		

2. 升降模組實習

輸入	說明	輸出	說明
X0	開關	Y0	升降模組升／降
X1	升降模組上極限		
X2	升降模組下極限		

3. 迴轉模組實習

輸入	說明	輸出	說明
X0	右轉開關	Y0	迴轉模組向左／右轉
X1	左轉開關		
X2	迴轉模組右極限		
X3	迴轉模組左極限		

4. 滑台模組實習

輸入	說明	輸出	說明
X0	右轉開關	Y0	馬達反轉，平台向左(←)
X1	左轉開關	Y1	馬達正轉，平台向右(→)
X2	停止開關		

5. 出料模組實習

輸入	說明	輸出	說明
X0	開關	Y0	馬達反轉，平台向左(←)
X1	出料位置 1	Y1	馬達正轉，平台向右(→)
X2	出料位置 2		
X3	出料位置 3		
X4	出料位置 4		

6. 組合真空吸盤模組與升降模組實習

輸入	說明	輸出	說明
X0	開關 1	Y0	真空吸盤吸／放
X1	開關 2	Y1	升降模組升／降
X2	升降模組下極限		
X3	升降模組上極限		
X4	真空吸盤感測器		

【SFC 圖】

各機構模組單元順序動作規劃的 SFC 設計分列如下，如圖 6-19 所示。

1. 輸送帶模組實習

SFC	IL	
	LD	M8002
	SET	S0
	STL	S0
	LD	X0
	SET	S10
	STL	S10
	OUT	Y0
	LD	X1
	OUT	S0
	RET	

⤒ 圖 6-19　輸送帶模組實習階梯圖

2.　升降模組實習

SFC	IL
	LD　　M8002
	SET　　S0
	STL　　S0
	LDP　　X0
	OUT　　C0　　K2
	LDI　　C0
	SET　　S10
	LD　　C0
	SET　　S11
	STL　　S10
	SET　　Y0
	STL　　S11
	RST　　Y0
	LD　　X2
	SET　　S12
	STL　　S12
	RST　　C0
	OUT　　T0　　K5
	STL　　S10
	LD　　X1
	OUT　　S0
	RET
	END

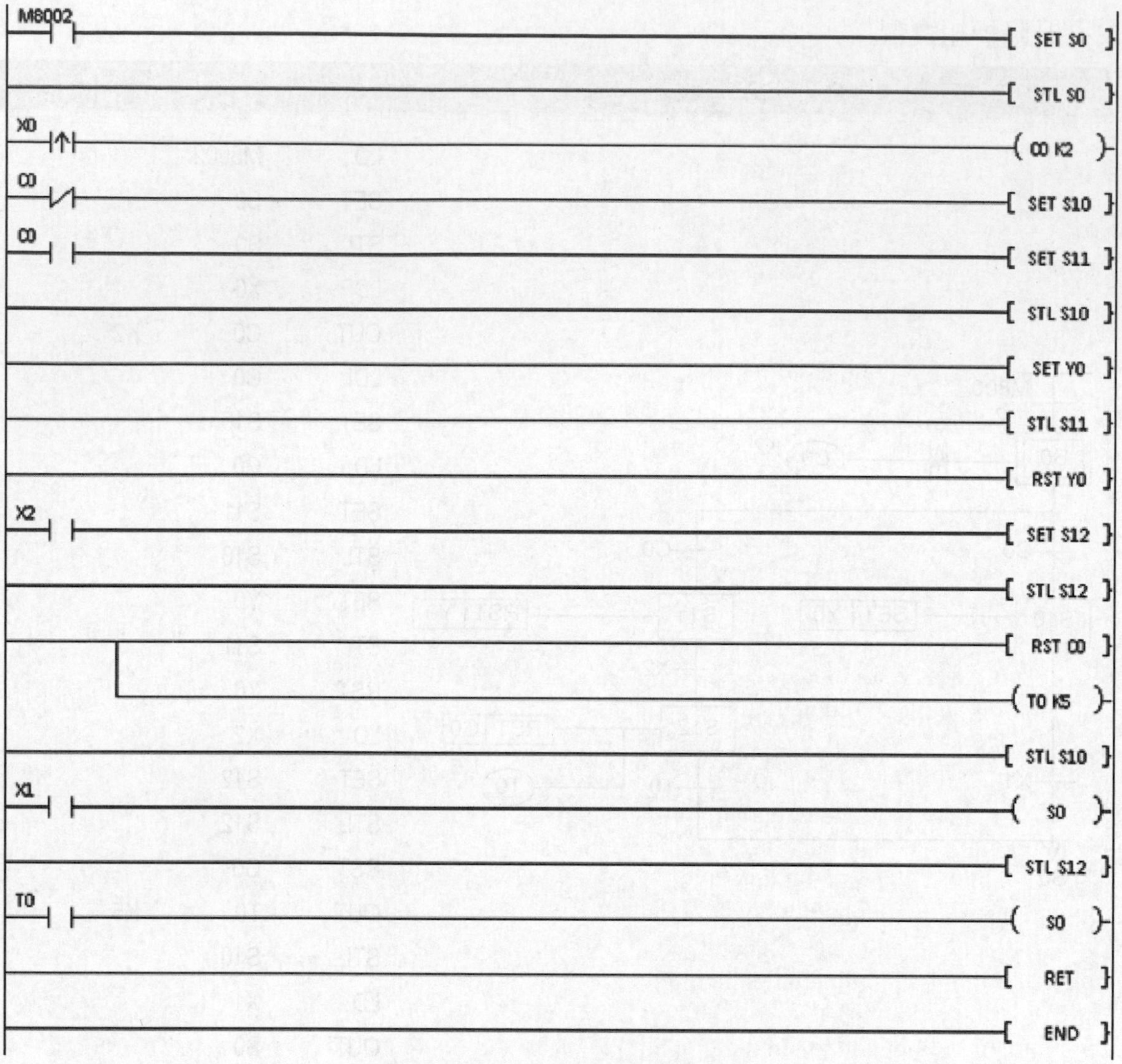

```
M8002
 ├─┤ ├───────────────────────────────────────────[ SET S0  ]
                                                  [ STL S0  ]
 X0
 ├─┤↑├──────────────────────────────────────────( C0 K2   )
 C0
 ├─┤/├──────────────────────────────────────────[ SET S10 ]
 C0
 ├─┤ ├──────────────────────────────────────────[ SET S11 ]
                                                  [ STL S10 ]
                                                  [ SET Y0  ]
                                                  [ STL S11 ]
                                                  [ RST Y0  ]
 X2
 ├─┤ ├──────────────────────────────────────────[ SET S12 ]
                                                  [ STL S12 ]
                                                  [ RST C0  ]
        ┌──────────────────────────────────────( T0 K5   )
                                                  [ STL S10 ]
 X1
 ├─┤ ├──────────────────────────────────────────(  S0     )
                                                  [ STL S12 ]
 T0
 ├─┤ ├──────────────────────────────────────────(  S0     )
                                                  [ RET     ]
                                                  [ END     ]
```

圖 6-20 升降模組實習階梯圖

3.　迴轉模組實習

SFC	IL	
	LD	M8002
	SET	S0
	STL	S0
	LD	X0
	SET	S10
	LD	X1
	SET	S11
	STL	S10
	SET	Y0
	STL	S11
	RST	Y0
	STL	S10
	LD	X2
	OUT	S0
	STL	S11
	LD	X3
	OUT	S0
	RET	

```
M8002
──┤├─────────────────────────────────────────────[ SET S0 ]

─────────────────────────────────────────────────[ STL S0 ]
X0
──┤├─────────────────────────────────────────────[ SET S10 ]
X1
──┤├─────────────────────────────────────────────[ SET S11 ]

─────────────────────────────────────────────────[ STL S10 ]

─────────────────────────────────────────────────[ SET Y0 ]

─────────────────────────────────────────────────[ STL S11 ]

─────────────────────────────────────────────────[ RST Y0 ]

─────────────────────────────────────────────────[ STL S10 ]
X2
──┤├─────────────────────────────────────────────( S0 )

─────────────────────────────────────────────────[ STL S11 ]
X3
──┤├─────────────────────────────────────────────( S0 )

─────────────────────────────────────────────────[ RET ]

─────────────────────────────────────────────────[ END ]
```

圖 6-21　迴轉模組實習階梯圖

4. 滑台模組實習

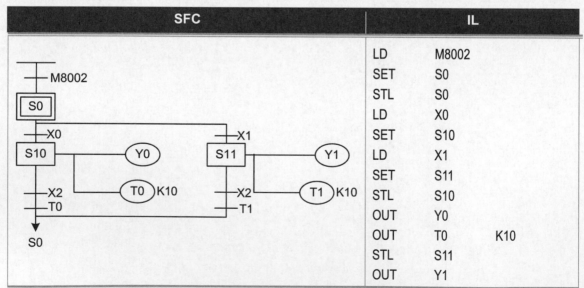

SFC	IL		
	LD	M8002	
	SET	S0	
	STL	S0	
	LD	X0	
	SET	S10	
	LD	X1	
	SET	S11	
	STL	S10	
	OUT	Y0	
	OUT	T0	K10
	STL	S11	
	OUT	Y1	

OUT	T1	K10
STL	S10	
LD	X2	
AND	T0	
OUT	S0	
STL	S11	
LD	X2	
AND	T1	
OUT	S0	
RET		

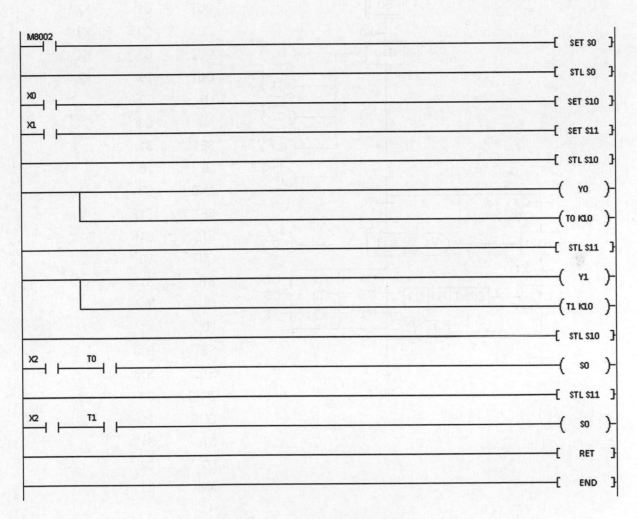

↑圖 6-22　滑台模組實習階梯圖

5. 出料模組實習

SFC	IL

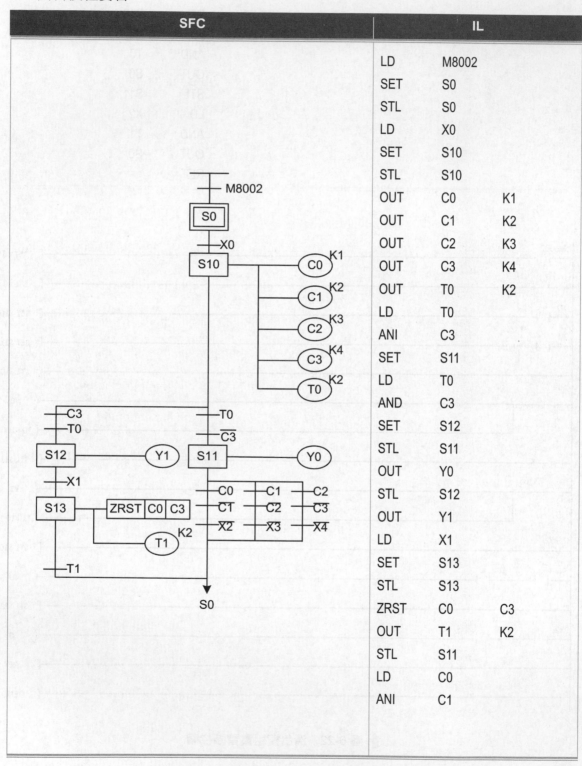

LD	M8002	
SET	S0	
STL	S0	
LD	X0	
SET	S10	
STL	S10	
OUT	C0	K1
OUT	C1	K2
OUT	C2	K3
OUT	C3	K4
OUT	T0	K2
LD	T0	
ANI	C3	
SET	S11	
LD	T0	
AND	C3	
SET	S12	
STL	S11	
OUT	Y0	
STL	S12	
OUT	Y1	
LD	X1	
SET	S13	
STL	S13	
ZRST	C0	C3
OUT	T1	K2
STL	S11	
LD	C0	
ANI	C1	

SFC	IL
	ANI　　X2
	LD　　　C1
	ANI　　C2
	ANI　　X3
	ORB
	LD　　　C2
	ANI　　C3
	ANI　　X4
	ORB
	OUT　　S0
	STL　　S13
	LD　　　T1
	OUT　　S0
	RET

```
M8002
 ┤├─────────────────────────────────────────────[ SET S0 ]

                                                 [ STL S0 ]
X0
 ┤├─────────────────────────────────────────────[ SET S10 ]

                                                 [ STL S10 ]

                                                 ( C0 K1 )

                                                 ( C1 K2 )

                                                 ( C2 K3 )

                                                 ( C3 K4 )

                                                 ( T0 K2 )
T0    C3
 ┤├───┤/├────────────────────────────────────────[ SET S11 ]
T0    C3
 ┤├───┤├─────────────────────────────────────────[ SET S12 ]

                                                 [ STL S11 ]

                                                 ( Y0 )

                                                 [ STL S12 ]

                                                 ( Y1 )
X1
 ┤├─────────────────────────────────────────────[ SET S13 ]

                                                 [ STL S13 ]

                                                 [ ZRST C0 C3 ]

                                                 ( T1 K2 )

                                                 [ STL S11 ]
C0    C1    X2
 ┤├───┤/├───┤/├───┐                               ( S0 )
C1    C2    X3    │
 ┤├───┤/├───┤/├───┤
C2    C3    X4    │
 ┤├───┤/├───┤/├───┘

                                                 [ STL S13 ]
T1
 ┤├─────────────────────────────────────────────( S0 )

                                                 [ RET ]

                                                 [ END ]
```

🔼 圖 6-23　出料模組實習階梯圖

6.   組合眞空吸盤模組與升降模組實習

SFC	IL	
	LD	M8002
	SET	S0
	STL	S0
	LD	X0
	SET	S11
	LD	X1
	SET	S10
	STL	S11
	RST	Y1
	LD	X2
	SET	S12
	STL	S12
	SET	Y0
	LD	X4
	SET	S13
	STL	S13
	SET	Y1
	STL	S10
	RST	Y0
	STL	S13
	LD	X3
	OUT	S0
	STL	S10
	LDI	X4
	OUT	Y0
	RET	

M8002

S0

X0   X1
S11 —— RST Y1   S10 —— RST Y0

X2
S12 —— SET Y0

X4
S13 —— SET Y1

X3   X̄4

S0

```
M8002
 ├─┤ ├─────────────────────────────────────────────[ SET S0  ]
 │                                                  [ STL S0  ]
 X0
 ├─┤ ├─────────────────────────────────────────────[ SET S11 ]
 X1
 ├─┤ ├─────────────────────────────────────────────[ SET S10 ]
 │                                                  [ STL S11 ]
 │                                                  [ RST Y1  ]
 X2
 ├─┤ ├─────────────────────────────────────────────[ SET S12 ]
 │                                                  [ STL S12 ]
 │                                                  [ SET Y0  ]
 X4
 ├─┤ ├─────────────────────────────────────────────[ SET S13 ]
 │                                                  [ STL S13 ]
 │                                                  [ SET Y1  ]
 │                                                  [ STL S10 ]
 │                                                  [ RST Y0  ]
 │                                                  [ STL S13 ]
 X3
 ├─┤ ├─────────────────────────────────────────────(  S0  )
 │                                                  [ STL S10 ]
 X4
 ├─┤/├─────────────────────────────────────────────(  Y0  )
 │                                                  [ RET ]
 │                                                  [ END ]
```

⬆圖 6-24　組合真空吸盤模組與升降模組實習階梯圖

【思考題】

1. 針對氣壓負載實習箱的放料動作，設計 SFC 程式，氣壓負載實習箱動作說明如下：

   (1) 在啟動前必須使各個模組置於機械原點即是升降模組在升降模組向上位置、迴轉模組在右極限(輸送帶方向)、滑台模組在出料位置 1、輸送帶停止和真空吸盤放。

   (2) 當按下開關時，依以下順序動作：

   ① 輸送帶將料件移至料件料件定位點。

   ② 經迴轉模組、升降模組和真空吸盤模組將料件移到出料位置。

   ③ 藉由滑台模組依序將料件放到出料位置 2、出料位置 3、出料位置 4。

   (3) 每次循環流程為 4 個料件，且每放至一個料件至出料位置後，若非最後一個料件則須重新回到步驟 1 繼續執行。

   其中氣壓負載實習箱對應的接點對照列於表 6-2。

表 6-2　完整動作的氣壓負載實習箱接點表

輸入	說明	輸出	說明
X0	開關	Y0	輸送帶馬達
X1	升降模組上極限	Y1	升降模組向上
X2	升降模組下極限	Y2	升降模組向下
X3	迴轉模組左極限	Y3	迴轉模組向左轉
X4	迴轉模組右極限	Y4	迴轉模組向右轉
X5	出料位置 1	Y5	馬達反轉，平台向左(←)
X6	出料位置 2	Y6	馬達正轉，平台向右(→)
X7	出料位置 3	Y7	真空吸盤吸
X10	出料位置 4		
X11	真空吸盤感測器		
X12	料件定位感測器		

Chapter

VB.NET 視窗程式設計

7-1 VB.NET 簡介

 ### 7-1-1 VB 視窗程式版本的演進

表 7-1 為 VB 版本的演進，透過版本的演進過程，大概就可以知道 VB 程式語言受歡迎的程度。由於具備圖形化設計介面的 VB 6.0 學習門檻較低，因此曾經廣泛的流行，儘管 VB 版本已演進至 VB 2017，但迄今仍有許多公司沿用以 VB 6.0 開發的應用程式。

表 7-1　VB 版本演進

發布年份	版本	備註
1995 年	VB 4.0	引入控制項的觀念
1997 年	VB 5.0	支援使用者自建控制項
1998 年	VB 6.0	迄今仍被廣泛使用
2002 年	VB.NET 7.0 ／VB.NET 2002	引進.NET Framework 類別庫
2003 年	VB.NET 7.1 ／VB.NET 2003	
2005 年	VB.NET 8.0 ／ VB 2005	提供免費簡化版本 Express Edition
2008 年	VB.NET 9.0 ／ VB 2008	
2010 年	VB.NET 10.0 ／ VB 2010	
2012 年	VB 2012	
2013 年	VB 2013	
2015 年	VB 2015	
2017 年	VB 2017	

　　VB 6.0 的功能已相當強大，透過呼叫 Win32 API 函式，更使應用程式可以執行一些接近系統底層的複雜應用程式設計，這也是 VB 6.0 能受到眾人喜愛的原因。但由於 Win32 API 函式相當的多，且函式引數複雜，直到微軟推出基於 .NET Framework 的 Visual Studio.NET，才解決了上面的問題。

　　Visaul Basic.NET 是 Visual Studio.NET 中眾多程式語言的一種，以 VB 來說明，VB.NET 將 VB6.0 原有的一些內建常數與函式加以分類整理，包括 API 函式，並歸納到 .NET Framework 的各個類別庫中。.NET Framework 平台的特色之一就是：即使是不同的程式語言使用者，可以使用相同的類別程式庫進行應用程式的開發設計。此外，就程式開發架構而言，VB.NET 與 VB6.0 的重要差異之一為 VB.NET 是一完整的物件導向程式設計語言，而 VB6.0 則以事件驅動為主。圖 7-1 簡單說明 VB 6.0 與 VB.NET 的差異。

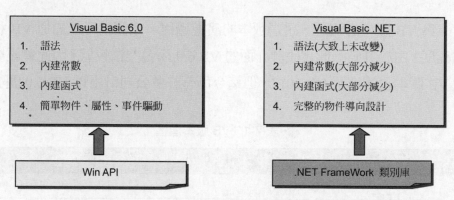

↑圖 7-1　VB 6.0 與 VB.NET 的主要差異

　　由於 VB.NET 屬物件導向程式語言(Object Oriented Program Language, OOPL) 即是指利用物件導向 (Object Oriented, OO)技術來作為主要程式設計風格的程式語言，因此在使用物件之前，先針對類別與物件的關係做簡單說明：類別類似一張設計藍圖，根據此藍圖產生的物品就是物件。因此，類別是一個規範，可看成是提取現實世界實體的特徵，轉換成為一個抽象化的概念，而物件則是符合該規範的實體。在電腦的世界裡，物件就是以類別為基礎所建立執行實體。

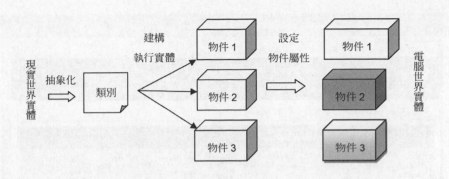

🔺 圖 7-2　類別與物件說明

7-1-2　VB.NET 編輯環境介紹

　　Visual Studio.NET 自 2005 年版就有免費 Express 版供試用者使用，儘管不是完整版，但它已具備了相當強大的功能供使用者開發應用程式。微軟官方可下載的 Express版為 Visual Basic 2010 Express 和 Visual Studio Express 2013 for Windows Desktop。使用者可至微軟官方網站下載。

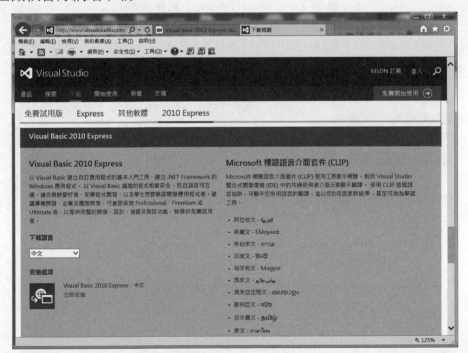

(a) Visual Basic 2010 Express下載畫面

🔺 圖 7-3　Visual Basic 下載畫面

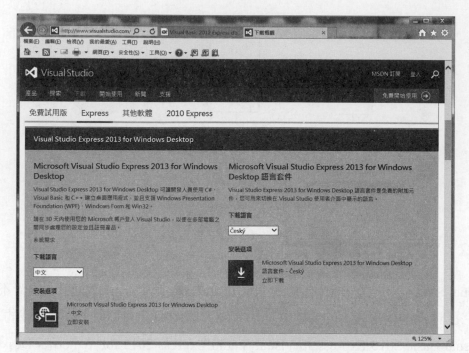

(b) Visual Studio Express 2013 for Windows Desktop下載畫面

⬆圖 7-3　Visual Basic　下載畫面(續)

　　完成 Visual Basic 的下載後，即可執行 VB.NET，並直接建立一個新專案(Windows Form 應用程式)，如圖 4-4 所示。

(a) VB2010進入新增專案

⬆圖 7-4　新增專案畫面

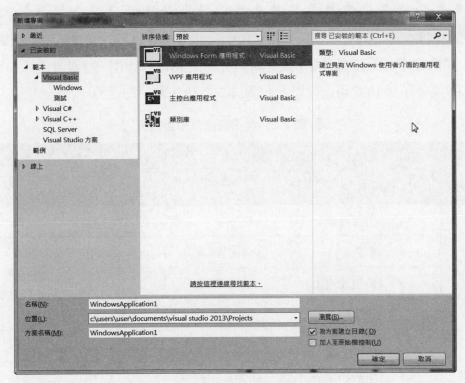

(b) VB2013進入新增專案

⬆ 圖 7-4　新增專案畫面(續)

隨即進入 Visual Basic 的整合開發環境，如圖 7-5 所示。

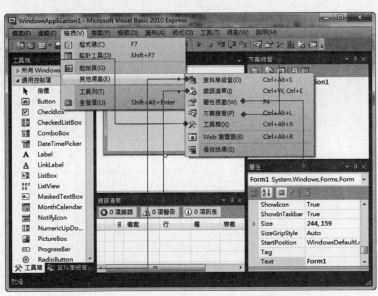

⬆ 圖 7-5　VB 整合設計環境中的視窗(VB2010)

7-2 運算子

在程式撰寫中，對元素本身，或元素與元素之間進行作用，需透過運算子來達成，VB.NET 的運算子依功能可進行區分，表 7-2 為一些常用的運算子。

表 7-2　常用的運算子與範例

運算子		說明	範例	
			描述	意義
算術運算子	^	指數運算	A=2^5	A=32
	－	負數	A=10: B=-A	B=-10
	*、／	乘法和除法	A=5*2:B=5／2	A=10,B=2.5
	\	整數除法	A=17\5	A=3
	Mod	餘數運算	A=17 Mod 5	A=2
	+、－	加法和減法	A=3+4-2	A=5
串連運算子	&	字串連結	A="is" & "PLC"	A="isPLC"
	+	字串連結	A="is" + "PLC"	A="isPLC"
位元移位運算子	<<	執行位元模式的算術左移位	A=4 << 1	A=8 [說明]：$(4)_{10}=(100)_2$ $4 << 1$ 表示 $(100)_2$ 位元左移變為 $(1000)_2=(8)_{10}$
	>>	執行位元模式的算術右移位	A=4 >> 1	A=2 [說明]：$4 >> 1$ 表示 $(100)_2$ 位元右移變為 $(010)_2=(2)_{10}$
比較運算子	=	相等	C = (1 = 2)	C = False
	<>	不等	C = ("YSK" <> "ysk")	C = True
	<、>	小於、大於	C = ("D" > "K")	C = False
	<= >=	小於或相等 大於或相等	C1 = (3 >= 5) C2 = ("D" <= "K")	C1 = False C2 = True

表 7-2　常用的運算子與範例(續)

運算子			說明	範例	
				描述	意義
邏輯運算子	Not	反	眞假相反	C=Not (5>3)	C=False
	And	且	兩者爲眞，才爲眞	C=(5>3) And (4<=6)	C=True
	Or	或	之一爲眞，即爲眞	C=(5>3) Or (7<2)	C=True
	Xor	互斥	兩者相異，方爲眞	C=(4>2) Xor (7<9)	C=False

7-3　變數與資料型別

所謂「變數」就是在程式進行中，向記憶體請求提供一個空間，作爲存放資料或指標的地方，而存放的內容是可以隨時更換的。顯然，這個空間的需求有大有小，這就跟資料的型別有關。例如要存放 8 位元的資料，就不需要給到 16 位元的空間，以免浪費記憶體且執行沒效率；若要存放 16 位元的資料，但只給 8 位元的空間，那就可能產生溢位(overflow)的現象。

一、數值變數型別

表 7-3 爲一些 VB.NET 常用的變數數值型別。

表 7-3　常用的 .NET FrameWork 數值資料型別

結構	儲存空間	說明
Boolean	視實作平台而定	表示布林值 True 或 False。
Byte	1 Bytes	表示 8 位元不帶正負號的整數 (Unsigned Integer)。
Char	2Bytes	表示 Unicode 字元。
DateTime	Bytes	表示時間的瞬間，通常以一天的日期和時間表示。

⬇ 表 7-3　常用的 .NET FrameWork 數值資料型別(續)

結構	儲存空間	說明
Double	8Bytes	表示雙精度浮點數
Int16	2 Bytes	表示 16 位元帶正負號的整數 (Signed Integer)。對應於 VB 資料型別 Short
Int32	4 Bytes	表示 32 位元帶正負號的整數 (Signed Integer)。對應於 VB 資料型別 Integer
Single	4Bytes	表示單精度浮點數
UInt16	2 Bytes	表示 16 位元不帶正負號的整數 (Unsigned Integer)

二、陣列變數

陣列是一群具有相同名稱,並利用索引來做區分的變數。例如:一年忠班有 50 位同學,若以名字作為變數,則須有 50 個不同名稱的變數;但若以座號作為索引值,則在處理班級事務時(如登記成績),可以使用「一忠(5)」來代表座號為 5 的同學,這樣是不是變得簡單許多。

陣列又有 1 維陣列和多維陣列之分,如前面的座號編列方式即為 1 維陣列;當以教室的課桌椅的位置來區分,每位同學都有固定的座位,例如一年孝班教室第 2 排,第 4 位同學,則可記為「一孝(2,4)」。如此由兩個索引值來區別變數的陣列,則稱為 2 維陣列,此即屬於多維陣列。

一般的資料形態陣列,可直接宣告陣列,如:

Dim A(10) As int16　　　表示宣告了一個 A(0)～A(10)的 16 位元整數陣列。

Dim str1(5) As String　　表示宣告了一個 str1(0)～str1(5)的字串陣列。

上面的型別 "String" 為可變長度的字串形別。

但是,當陣列變數以物件的型態來宣告(不是陣列元素內容的資料型別),則屬於一種參考型別(Reference Type),即陣列變數本身也是一個物件。首先宣告陣列變數,如:

Dim B(4) As Label　　　表示宣告了一個 B(0)～B(4)的標籤(Label)物件陣列。

宣告完後，B(0)～B(3) 還不能使用，必須再經過 New 函式產生實體化物件，語法如下：

B=New Label(){Label1,Label2,Label3,Label4}

這樣，B(0)～B(3) 就分別代表 Label1,Label2,Label3,Label4 這 4 個標籤(Label)物件了。

7-4　常用基本控制項

Visual Basic 工具箱中的控制項非常多，本節將僅針對後面會使用到的控制項加以介紹說明。在說明控制項之前，先列出控制項常見的屬性、方法和事件。

一、常見屬性

由於控制項就是一種物件，它的基本屬性除名稱(Name)外，一般區分為位置、大小、外觀等幾類，如圖 7-4 所示。

表 7-4　一般常用屬性

分類	名稱	說明
其他	Name	控制項的名稱
	Tag	可自訂之控制項相關資料
外觀	BackColor	控制項的背景色彩
	BorderStyle	控制項的框線樣式
	Font	控制項顯示文字的字型
	ForeColor	控制項的前景色彩
	Image	控制項上顯示的影像
	Text	控制項上顯示的文字
	TextAlignment	控制項顯示文字的對齊方式
行為	Enabled	控制項致能
	TabIndex	控制項定位順序
	Visible	控制項是否顯示

⬇️ 表 7-4　一般常用屬性(續)

分類	名稱	說明
配置	AutoSize	控制項是否自動調整大小以顯示其全部內容
	Left	控制項左邊緣和其容器工作區左邊緣之間的距離
	Top	控制項上邊緣和其容器工作區上邊緣之間的距離
	Width	控制項的寬度
	Height	控制項的高度
	Location	控制項左上角相對於其容器之左上角的座標
	Size	控制項的高度和寬度

二、常見方法

控制項的方法是指控制項具備的功能，因此一般具有獨特性，表 7-5 列出控制項一般都會具備的幾個重要方法。

⬇️ 表 7-5　一般常用方法

名稱	說明
BringToFront	將控制項帶到疊置順序的前面
Contains	判斷控制項是否為某控制項的收納器
Dispose	釋放控制項所使用的資源
Focus	設定控制項為焦點
GetType	取得目前執行個體的 Type
Hide	隱藏控制項。等同於將 Visible 屬性設定為 False
SendToBack	將控制項傳送到疊置順序的後面
Select	啟動控制項
Show	顯示控制項

三、常見事件

事件一般是因訊息所引發的，從表 7-6 中事件名稱和對應的說明可以清楚的看到所列內容都是視窗應用程式操作時較常發生的事件。

表 7-6　一般常用事件

分類	名稱	說明
控制項本身	Disposed	發生於系統釋放控制項資源時
	GotFocus	發生於控制項取得焦點時
	LostFocus	發生於控制項失去焦點時
	Resize	發生於重設控制項大小時
鍵盤相關	KeyDown	發生於控制項具有焦點，且使用者按下鍵盤按鍵時
	KeyPress	發生於控制項具有焦點，且使用者按下鍵盤按鍵時
	KeyUp	發生於控制項籤具有焦點，且使用者放開鍵盤按鍵時
滑鼠相關	Click	發生滑鼠單擊控制項時
	DoubleClick	發生滑鼠雙擊控制項時
	MouseDown	發生於滑鼠指標位於控制項上，且按下滑鼠時
	MouseLeave	發生於滑鼠指標從控制項離開時
	MouseMove	發生於滑鼠指標在控制項上移動
	MouseUp	發生於滑鼠指標位於控制項上，且鬆開滑鼠時
屬性變更相關	TextChanged	發生於 Text 屬性變更時(如 TextBox、Combo 控制項)
	ValueChanged	發生於 Value 屬性變更時(如 HScrollBar、VScrollBar、TarckBar、NumericUpDown 等控制項)
	CheckedChanged	發生於 Checked 屬性變更時(如 CheckBox、RadioButton 控制項)
	SelectedIndexChanged	發生於 Index 屬性變更時(如 Combo、ListBox 控制項)

以上為常用控制項中常見的成員，後面章節介紹控制項將不再列表說明，僅會針對該控制項的其他常用成員作說明。

7-4-1 Form 表單物件

Form 控制項為視窗應用程式中基本視窗,作為其他控制項的收納器(container),收納器的意思是指該控制項可以放入其他控制項。Form 除了上面介紹的常用成員之外,幾個與視窗有關的屬性與事件列於表 7-7。

表 7- 7　Form 的常見事件

名稱	說明
Activated	發生於表單以程式碼或由使用者啟動時。
Deactivate	發生於表單失去焦點且不再是使用中的表單時。
FormClosed	發生於表單關閉之後。
FormClosing	發生於表單關閉之前。
Load	發生在表單第一次顯示之前。

範例 7-1　表單的操作與屬性練習

1. 功能說明

   開啟 Form1 後,Form1 表單的標題欄內容指定;在表單上單擊滑鼠,Form1 表單的背景色改為綠色;在表單上雙擊滑鼠,視窗隨即關閉。

2. 學習目標

   了解表單的基本屬性設定與事件處理。

3. 表單配置如圖 7-6。

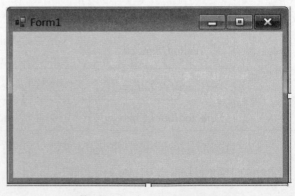

圖 7-6　範例表單配置

4.　程式碼

```
Public Class Form1

    Private Sub Form1_Click(sender As Object, e As EventArgs) Handles Me.Click
        Me.BackColor = Color.Green      '指定 Form 表單的背景色為綠色
    End Sub

    Private Sub Form1_DoubleClick(sender As Object, e As EventArgs) Handles Me.DoubleClick
        End '關閉視窗程式
    End Sub

    Private Sub Form1_Load(sender As Object, e As EventArgs) Handles MyBase.Load
        Me.Text = "我的第一個視窗程式"      '指定視窗標題欄內容
    End Sub
End Class
```

5.　執行結果

程式執行後如圖 7-7(a)，標題欄為指定的內容："我的第一個視窗程式"；隨即按下滑鼠，此時表單背景色變為綠色(圖 7-7(b))；最後在表單上雙擊滑鼠，視窗立即關閉。

(a) 執行程式畫面

(b) 按下滑鼠，表單背景色變為綠色

⬆圖 7-7　範例執行結果表單

7-4-2 Label 控制項

Label 控制項為文字顯示標籤,主要用於訊息的說明與呈現。一般控制項的屬性可在[程式設計階段]由屬性視窗中加以設定,也可以在[程式執行階段]設定或修改。本範例直接在[程式執行階段]練習 Label 控制項的基本操作。

範例 7-2 Label 控制項與 Form 的屬性、事件練習

1. 功能說明

程式執行後,Label 控制項顯示單線固定框線和變更背景色;滑鼠點擊 Label 控制項後 Label 改變大小,且位置在視窗內置中。當按下滑鼠左鍵,且滑鼠在視窗內移動時,Label 控制項的左上角也跟著滑鼠改變位置。

2. 學習目標

了解 Label 控制項的常用屬性(BackColor、 BoderStyle)與控制項事件(Click、MouseMove)的應用。

3. 表單配置如圖 7-8。

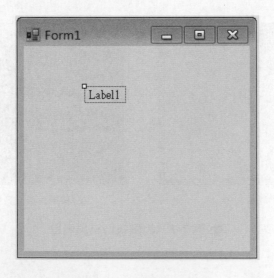

⬆圖 7-8 範例表單配置

4. 程式碼

```vb
Public Class Form1

    Private Sub Form1_Load(sender As Object, e As EventArgs) Handles MyBase.Load
        Label1.AutoSize = False                        '取消 Label1 自動調整大小之功能
        Label1.BorderStyle = BorderStyle.FixedSingle   '設定 Label1 的框線樣式為--單線固定
        Label1.BackColor = Color.Gray                  '設定 Label1 的背景色為灰色
    End Sub

    Private Sub Label1_Click(sender As Object, e As EventArgs) Handles Label1.Click
        Label1.Width = 100    '指定 Label1 的寬度
        Label1.Height = 50    '指定 Label1 的高度
        Label1.Left = 10      '指定 Label1 的左緣座標
        Label1.Top = 10       '指定 Label1 的上緣座標
        '使 Label1 在表單的工作區(Me.ClientRectangle)置中
        Label1.Left = (Me.ClientRectangle.Width - Label1.Width) ／ 2
        Label1.Top = (Me.ClientRectangle.Height - Label1.Height) ／ 2
    End Sub

    Private Sub Form1_MouseMove(sender As Object, e As MouseEventArgs) Handles Me.MouseMove
        '當事件來源是按下滑鼠左鍵時，
        '則指定 Label1 的左上角位置(Label1.Left, Label1.Top)追隨滑鼠移動的位置(e.X,e.Y)。
        If e.Button = Windows.Forms.MouseButtons.Left Then
            Label1.Left = e.X
            Label1.Top = e.Y
        End If
    End Sub
End Class
```

5. 執行結果

程式執行結果如圖 7-9 之說明。

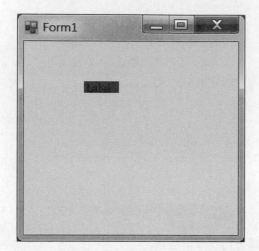

(a) 開始執行

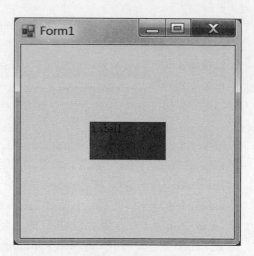

(b) 滑鼠點擊Label1

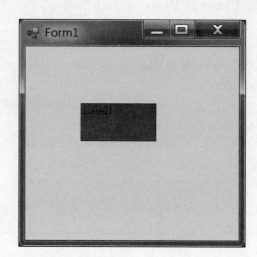

(c) 按下滑鼠左鍵,且在表單上移動

⬆圖 7-9 執行結果畫面

條件敘述結構—If…Then…Else 陳述式

(i)語法一：(單行)

> If (條件式) Then (陳述式 A) [Else 陳述式 B]

上述語法可以解釋為－

> 假如(條件式)成立(是真的)，則執行(陳述 A)

(ii)語法二：(區塊)

> If (條件 A) Then
>
> 　　(陳述式 A)
>
> [ElseIf (條件 B) Then
>
> 　　(陳述式 B)]
>
> 　　⋮
>
> [Else
>
> 　　陳述式 C]
>
> End If

上述語法可以解釋為－

> 假如條件 A 成立(是真的)，則執行陳述式 A 的內容；
>
> [否則假如條件 B 成立(是真的)，則執行陳述式 B 的內容；]
>
> …
>
> [否則執行陳述式 C 的內容]

7-4-3   Button 控制項

Button 控制項是一個按鈕元件,按鈕最主要的功能就是透過觸發按鈕事件進入另一個程式流程。底下先以範例進行 Button 控制項的基本練習,如圖 7-10 所示。

範例 7-3 Button 控制項基本練習

1. 功能說明

    設計 Button 控制項為啟動/停止按鈕,按下[啟動]鈕後,Label1 變為紅色,且 Button1 上的文字變為[停止];按下[停止]鈕後,Label1 變為黑色,且 Button1 上的文字變為[啟動]。

2. 學習目標

    Button 控制項結合 Lable 控制項的基本屬性練習。

3. 表單配置

    表單上配置一個 Button 控制項及一個 Label 控制項,其中 Label 控制項透過屬性視窗設定它的自動尺寸調整(AutoSize)和邊框樣式(BorderStyle)。

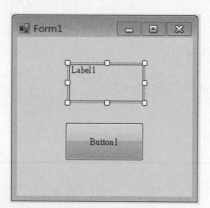

↑圖 7-10 範例表單配置與屬性設定

4. 程式碼

```
Public Class Form1
    Dim flag As Boolean = False

    Private Sub Form1_Load(sender As Object, e As EventArgs) Handles MyBase.Load
        Label1.Text = ""
        Button1.Text = IIf(flag, "停止", "啓動")
        Label1.BackColor = IIf(flag, Color.Red, Color.Black)
    End Sub

    Private Sub Button1_Click(sender As Object, e As EventArgs) Handles Button1.Click
        flag = Not flag
        Button1.Text = IIf(flag, "停止", "啓動")
        Label1.BackColor = IIf(flag, Color.Red, Color.Black)
    End Sub

End Class
```

5. 執行結果

程式執行結果如圖 7-11 之說明。

(a) 執行後畫面

(b) 按下[啓動]鈕後，Label1變紅色

▲ 圖 7-11　範例執行結果

7-4-4　Timer 控制項

Timer 控制項是一個週期性引發事件的計時器，它在指定的時間週期會引發 Tick 事件，並進入對應的處理程序。使用者在 Tick 事件處理程序中撰寫所要進行的處置，即可在固定時間產生「輪詢」的效果。Timer 控制項常用動態的呈現、計時、監控等與時間有關的作業。如圖 7-12 為 Timer 控制項的屬性視窗。

↑圖 7-12　Timer 的屬性設定視窗

使用上需設定的屬性有 Enabled 與 Interval，Enabled 是致能 Timer 控制項，也就是使 Timer 控制項週期性觸發 Tick 事件，觸發週期則由 Interval 屬性設定，須注意 Interval 屬性若設定為 0，那麼即使 Enabled 屬性設為 True，事件也是無法啟動的。底下以範例來說明。

範例　7-4　利用 Timer 設計閃爍的燈號

1.　功能說明

設計一個可以使 Label 閃爍與停止的程式。

2.　學習目標

Label 控制項的 Visible 屬性和 Timer 控制項 Enabled、Intervals 屬性與 Tick 事件的整合練習

3.　表單配置如圖 7-13。

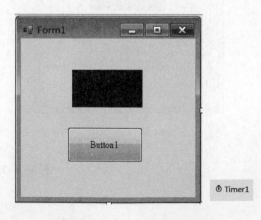

↑圖 7-13　範例表單配置

4. 程式碼

```
Public Class Form1

    Private Sub Button1_Click(sender As Object, e As EventArgs) Handles Button1.Click
        '每按一次 Button1，Timer1 的致能狀態會與前一次相反
        Timer1.Enabled = Not Timer1.Enabled
        '根據 Timer1 的致能狀態
        Button1.Text = IIf(Timer1.Enabled, "停止", "閃爍")
    End Sub


    Dim flag As Boolean = False
    Private Sub Timer1_Tick(sender As Object, e As EventArgs) Handles Timer1.Tick
        flag = Not flag
        Label1.BackColor = IIf(flag, Color.Red, Color.Black)
    End Sub


    Private Sub Form1_Load(sender As Object, e As EventArgs) Handles MyBase.Load
        Label1.Text = ""
        Button1.Text = IIf(Timer1.Enabled, "停止", "閃爍")
    End Sub
End Class
```

5. 執行結果

　　程式中設定 Timer 的觸發週期為 200ms(Timer1.Interval = 200)，並利用 Label 控
制項的 BackColor 屬性變化，產生背景顏色交替的閃爍效果，讀者可以自行更改 Timer
控制項的 Interval 屬性，觀察 Label 控制項的背景顏色變化狀況，如圖 7-14 所示。

↑ 圖 7-14　範例執行結果

> **◦Note**
>
> **關於 IIf 函數**
>
> IIf 函數是根據條件式的眞或僞，傳回兩部份中的其中一個。其語法如下：
>
> 回傳值=IIf(條件式, 條件式爲 True 的回傳值, 條件式爲 False 的回傳值)

◆ 7-4-5　TextBox 控制項

TextBox 控制項爲文字方塊元件，可用於文字的輸入與顯示。

範例 7-5　利用 TextBox 輸入字串進行 10 進位轉換

1. 功能說明

   設計一個表單，可以在 TextBox 中輸入 16 進位字串，按下按鈕後轉換成 10 進位。

2. 學習目標

   TextBox 控制項練習。

3. 表單配置如圖 7-15。

⬆ 圖 7-15　範例表單配置

4.　程式碼

```
Public Class Form1

    Private Sub Form1_Load(sender As Object, e As EventArgs) Handles MyBase.Load
        Label1.Text = "輸入 16 進位數值："
        Button1.Text = "轉換成 10 進位"
    End Sub

    Private Sub Button1_Click(sender As Object, e As EventArgs) Handles Button1.Click
        'Val()函數中加入"&H"表示函數內的字串是 16 進位表示式。
        Dim a As Int16 = Val("&H" & TextBox1.Text)
        MsgBox("&H" & TextBox1.Text & "轉換成 10 進位的值為：" & a, , "進位轉換")
    End Sub

End Class
```

5.　執行結果

程式執行結果如圖 7-16 之說明。

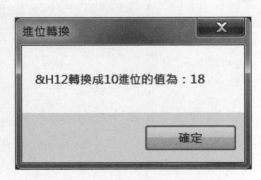

 圖 7-16　範例執行結果

• Note

關於 MsgBox 函式

MsgBox 函式，它可以產生一個訊息對話視窗，語法如下：

MsgBox("視窗顯示的文字",按鈕樣式參數, "標題欄文字")

7-4-6　RadioButton 控制項與 CheckBox 控制項

　　RadioButton 控制項為選項按鈕元件，可從多個選項中選擇其中一個項目，類似考試題目的單選題。CheckBox 控制項則為核取方塊選項按鈕元件，類似考試題目的複選題，兩者都是屬於按鈕元件，RadioButton 控制項和 CheckBox 控制項的常用事件為 CheckedChanged，當 Checked 屬性的值發生變更時，即引發該事件。

範例 7-6　利用 RadioButton 控制項與 CheckBox 控制項設定 Label 的樣式

1. 功能說明

   依點選到的背景色設定、字體大小設定和字體樣式設定，改變 Label 控制項的屬性。

2. 學習目標

   RadioButton 控制項與 CheckBox 控制項基本練習。

3. 表單配置如圖 7-17。

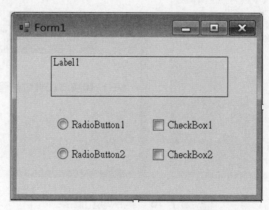

⬆ 圖 7-17　範例表單配置

4. 程式碼

```vbnet
Public Class Form1

    Private Sub Form1_Load(sender As Object, e As EventArgs) Handles MyBase.Load
        Label1.Text = "Label 格式設定"
        RadioButton1.Text = "黃色背景"
        RadioButton2.Text = "綠色背景"
        CheckBox1.Text = "大型字"
        CheckBox2.Text = "粗體"
    End Sub

    Private Sub RadioButton1_CheckedChanged(sender As Object, e As EventArgs) Handles
RadioButton1.CheckedChanged
        Label1.BackColor = Color.Yellow
    End Sub

    Private Sub RadioButton2_CheckedChanged(sender As Object, e As EventArgs) Handles
RadioButton2.CheckedChanged
        Label1.BackColor = Color.Green
    End Sub

    Private Sub CheckBox1_CheckedChanged(sender As Object, e As EventArgs) Handles
CheckBox1.CheckedChanged
        '若 CheckBox1 被核取，則字體大小設為 20 點，否則設為表單預設字體大小
        Label1.Font = New Font(Me.Font.Name, IIf(CheckBox1.Checked, 20, Me.Font.Size))
    End Sub

    Private Sub CheckBox2_CheckedChanged(sender As Object, e As EventArgs) Handles
CheckBox2.CheckedChanged
        '若 CheckBox2 被核取，則字體樣式大小設為粗體，否則設為標準體
        Label1.Font = New Font(Me.Font.Name, Label1.Font.Size, IIf(CheckBox2.Checked,
FontStyle.Bold, FontStyle.Regular), GraphicsUnit.Point)
    End Sub
End Class
```

5.　執行結果

程式執行結果如圖 7-18 之說明。

(a) 開始執行

(b) 設定字體大小與樣式

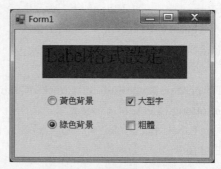

(c) 改變背景與字體樣式

圖 7-18　範例執行結果

◆ 7-4-7　Group 控制項

Group 控制項可做為其他控制項收納器的群組元件，底下直接以範例結合 RadioButton 控制項和 CheckBox 控制項做說明：

範例　7-7　整合 GroupBox 與 RadioButton 的選單設計

1.　功能說明

設計一個工作設定表單。

2.　學習目標

GroupBox 控制項與 RadioButton 控制項的整合練習。

3.　表單配置如圖 7-19。

↑ 圖 7-19　範例表單配置

4.　程式碼

```
Public Class Form1

    Private Sub Form1_Load(sender As Object, e As EventArgs) Handles MyBase.Load
        Label1.Text = "工作設定選單"
        GroupBox1.Text = "工作模式"
        RadioButton1.Text = "自動"
        RadioButton2.Text = "手動"
        GroupBox2.Text = "運轉模式"
        RadioButton3.Text = "連續"
        RadioButton4.Text = "單步"
        RadioButton3.Checked = True
        Button1.Text = "設定確定"
    End Sub


    Private Sub Button1_Click(sender As Object, e As EventArgs) Handles Button1.Click
        Dim str1 As String = ""
        str1 = GroupBox1.Text & " : " & IIf(RadioButton1.Checked, "自動", "手動") & vbCrLf
        str1 &= GroupBox2.Text & " : " & IIf(RadioButton3.Checked, "連續", "單步")
        MsgBox(str1, , "工作設定訊息")
    End Sub
End Class
```

5.　執行結果

　　程式執行結果如圖 7-20。

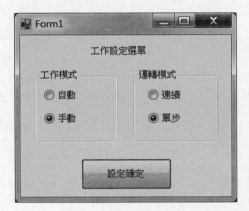
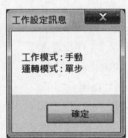

 圖 7-20　範例執行結果

7-4-8　PictureBox 控制項

　　PictureBox 控制項是一個專用的圖片顯示元件。要在 PictureBox 中放入圖片，可於[程式設計階段]直接由屬性視窗設定 Image 屬性，如圖 7-21 所示。

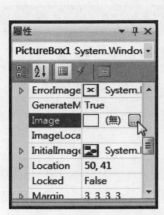

圖 7-21　PictureBox 的 Image 屬性設定

也可以在[程式執行階段]使用 Image 物件的 FromFile 方法指定圖片所在路徑，以將該路徑的圖片指定給 PictureBox 的 Image 屬性，語法如下：

PictureBox 控制項名稱.Image=Image.FromFile(含檔案所在路徑之圖片檔名)

另外，圖片的顯示模式則由 SizeMode 屬性設定，如圖 7-22 所示。

圖 7-22　PictureBox 的 SizeMode 屬性設定

▼表 7-8　PictureBox 的 SizeMode 屬性的值

列舉	值	說明
Normal	0	將影像的左上角置於 PictureBox 上，顯示 PictureBox 大小不變
StretchImage	1	自動調整影像大小，以符合 PictureBox 的大小，使其與影像大小一致
AutoSize	2	自動調整 PictureBox 控制項的大小，使其與影像大小一致
CenterImage	3	將影像的位置置中於 PictureBox 內
Zoom	4	自動調整影像大小，以符合 PictureBox 的大小，但會保持原始影像的比例

範例　7-8　在 PictureBox 上設定氣壓缸圖片模擬氣壓缸動作

1. 功能說明

   設計一氣壓缸動作模擬應用程式。

2. 學習目標

   PictureBox 與 Label 的整合練習。

3. 表單配置如圖 7-23。

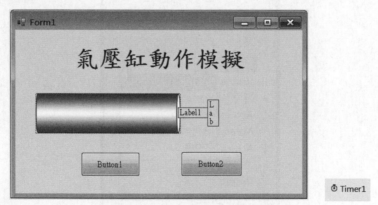

↑圖 7-23　範例表單配置

其中 PictureBox1 的 Image 屬性設定為氣壓缸圖片，並且其 SizeMode 屬性設為 StretchImage。

4.　程式碼

```
Public Class Form1
    Dim dir As Int16 = 1 '設定氣壓缸伸縮方向
    Private Sub Timer1_Tick(sender As Object, e As EventArgs) Handles Timer1.Tick
        '依方向改變桿長增減量
        Label1.Width += 10 * dir
        '桿末端位置隨桿的長度改變
        Label2.Left = Label1.Left + Label1.Width - 2
        '桿長超過上限或小於下限，都停止作動
        If (Label1.Width > 0.7 * PictureBox1.Width) Or (Label1.Width < 15) Then Timer1.Enabled =
False
    End Sub


    Private Sub Button1_Click(sender As Object, e As EventArgs) Handles Button1.Click
        dir = 1
        Timer1.Enabled = True
    End Sub


    Private Sub Button2_Click(sender As Object, e As EventArgs) Handles Button2.Click
        dir = -1
        Timer1.Enabled = True
    End Sub


    Private Sub Form1_Load(sender As Object, e As EventArgs) Handles MyBase.Load
        Label1.Text = ""
        Label2.Text = ""
        Button1.Text = "伸"
        Button2.Text = "縮"
        '設定桿的長度
        Label1.Width = 15
        '設定桿末端位置
        Label2.Left = Label1.Left + Label1.Width - 2
    End Sub
End Class
```

5. 執行結果,如圖 7-24 所示。

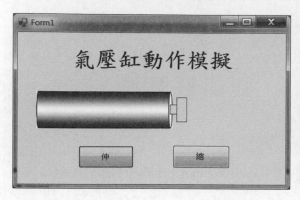 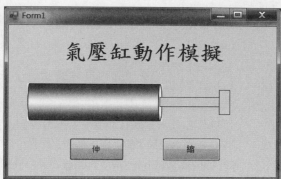

 圖 7-24 範例執行結果

7-4-9 TrackBar 控制項與 ProgressBar 控制項

TrackBar 控制項又可稱為滑桿控制項,透過移動滑桿來設定數值,它是由兩個部分組成:滑桿和刻度標記。TrackBar 控制項的主要屬性如表 7-9。

⬇表 7-9 TrackBar 控制項的主要屬性

屬性名稱	說明
Maximum	滑桿位置的最大值
Minimum	滑桿位置的最小值
Largechange	按一下滑鼠或按 PageUp 及 PageDown 時,滑桿移動的數值
Smallchane	按方向鍵(←或→)時,滑桿移動的數值
Value	滑桿的目前位置值
Orientation	設定滑桿控制項的垂直(Vertical)或水平(Horizental)方向
TickStyle	刻度顯示位置,有 None、TopLeft、BottomRight、Both 四種
TickFrequency	刻度的間距

　　ProgressBar 控制項又可稱為進度控制項，藉由一水平列中顯示的矩形數目來表示工作處理的進度；當工作處理完成時，水平列將被填滿。進度列通常用來讓使用者瞭解完成長時間工作處理所需等待的時間，ProgressBar 控制項的主要屬性如表 7-10。

表 7-10　ProgressBar 控制項的主要屬性

屬性名稱	說明
Maximum	ProgressBar 作業的上限範圍
Minimum	ProgressBar 作業的下限範圍
Value	ProgressBar 的目前值

範例 7-9　TrackBar 控制項與 ProgressBar 控制項的基本練習

1. 功能說明

　　移動 TrackBar 控制項的滑桿，Label 會顯示 TrackBar 的目前值，而 ProgressBar 的進度列也會移到對應位置。

2. 學習目標

　　TrackBar 控制項與 ProgressBar 控制項的基本練習。

3. 表單配置如圖 7-25。

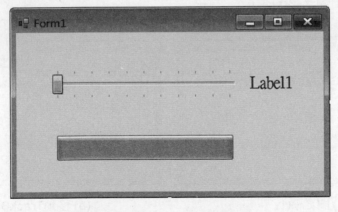

圖 7-25　範例表單配置

4. 程式碼

```
Public Class Form1

    Private Sub TrackBar1_Scroll(ByVal sender As System.Object, ByVal e As System.EventArgs) Handles
TrackBar1.Scroll
        '取得 TrackBar 值,並顯示在 ProgressBar 和 Label 上
        ProgressBar1.Value = TrackBar1.Value
        Label1.Text = TrackBar1.Value
    End Sub

    Private Sub Form1_Load(ByVal sender As System.Object, ByVal e As System.EventArgs) Handles
MyBase.Load
        '設定 ProgressBar 和 TickBar 的上現範圍與下限範圍
        ProgressBar1.Maximum = 100
        ProgressBar1.Minimum = 0
        TrackBar1.Maximum = 100
        TrackBar1.Minimum = 0
        '設定 TrackBar 的刻度
        TrackBar1.TickFrequency = 10
        Label1.Text = TrackBar1.Value
    End Sub
End Class
```

5. 執行結果,如圖 7-26 所示。

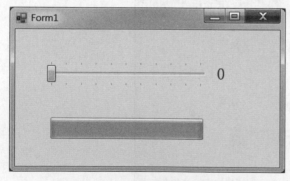

(a) 開始執行

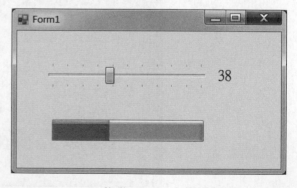

(b) 移動TrackBar的滑桿

↑圖 7-26　範例執行結果

◆ 7-4-10　LineShape、OvalShape 與 RectangleShape 控制項

在 VB2010 以前，Visual Basic Power Packs 控制項為增補的 Windows Form 控制項，是採用免費增益集 (Add-In) 的方式發行，但現在已包含在 Visual Studio 2010 中，如圖 7-27 所示。

⬆ 圖 7-27　VB2010 工具箱中的 Visual Basic Power Packs 中的控制項

範例 **7-10　以 OvalShape 來設計球形顯示燈號**

1. 功能說明
   設計兩個按鈕模擬啟動與停開關，藉以控制 OvalShape 的燈號狀態(ON 或 OFF)。

2. 學習目標
   OvalShape 控制項的屬性練習與應用。

3. 表單配置如圖 7-28。

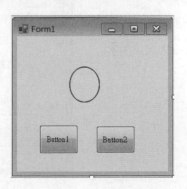

⬆ 圖 7-28　表單配置

4. 程式碼

```
Public Class Form1

    Private Sub Form1_Load(sender As Object, e As EventArgs) Handles MyBase.Load
        '設定 OvalShape 的填滿樣式為實心
        OvalShape1.FillStyle = PowerPacks.FillStyle.Solid
        Button1.Text = "啓動"
        Button2.Text = "停止"
    End Sub

    Private Sub Button1_Click(sender As Object, e As EventArgs) Handles Button1.Click
        '設定填滿的漸層樣式是從中央漸層
        OvalShape1.FillGradientStyle = PowerPacks.FillGradientStyle.Central
        '設定填滿的顏色為綠色
        OvalShape1.FillColor = Color.Green
    End Sub

    Private Sub Button2_Click(sender As Object, e As EventArgs) Handles Button2.Click
        '取消漸層效果
        OvalShape1.FillGradientStyle = PowerPacks.FillGradientStyle.None
        '設定填滿的顏色為黑色
        OvalShape1.FillColor = Color.Black
    End Sub

End Class
```

5. 執行結果

程式執行結果如圖 7-29 之說明。

(a) 按[啓動]鈕

(b) 按[停止]鈕

⬆圖 7-29　範例執行結果

7-5　VB.NET 的序列通訊－SerialPort 控制項

　　VB.NET 自 VB2005 版本開始支援 SerialPort 控制項，透過序列通訊埠進行資料的傳送與接收，現在仍有許多設備支援透過序列通訊埠進行資料的傳遞 (如示波器等；或控制器，如溫控器與 PLC 等)的資訊傳送，經由序列通訊埠，電腦可以讀取儀器的資訊，或下達參數給儀器，或實現圖形監控的應用設計。SerialPort 常見成員、屬性及事件如表 7-11、7-12、7-13 所示。

表 7-11　SerialPort 控制項常用方法

名稱	說明
Close	關閉連接埠連線，即關閉 SerialPort 物件，也就是將 IsOpen 屬性設爲 False，並將清除接收緩衝區和傳輸緩衝區。
GetPortNames	取得目前電腦序列埠名稱的陣列，在目前電腦上查詢有效序列埠名稱清單。
Open	開啓序列埠連線
Read	從 SerialPort 輸入緩衝區讀取。用法如下： Read(字元陣列或位元組陣列, 陣列索引位移量, 讀取長度)
ReadByte	從 SerialPort 輸入緩衝區同步讀取一個位元組。
ReadChar	從 SerialPort 輸入緩衝區非同步讀取一個字元。
ReadExisting	根據編碼方式，讀取 SerialPort 輸入緩衝區中所有可用的位元組。
ReadLine	讀取輸入緩衝區 NewLine 值之前的內容。這個方法不會傳回 NewLine 值，NewLine 值會直接從輸入緩衝區移除。
Write	將資料寫入序列埠輸出緩衝區。 多載清單如下： | 名稱	說明
Write(String)	將指定的字串寫入序列埠。
Write(Byte 陣列, Int32, Int32)	使用緩衝區中的資料，將指定的位元組數目寫入序列埠。
Write(Char 陣列, Int32, Int32)	使用緩衝區中的資料，將指定的字元數目寫入序列埠。	
WriteLine	將指定字串，再加上 NewLine 值，一併寫入輸出緩衝區。

表 7-12 SerialPort 控制項常用屬性

名稱	說明
BaudRate	取得或設定序列傳輸速率。預設值爲每秒 9600 位元 (bps)。
BytesToRead	取得接收緩衝區中的資料位元組數。
BytesToWrite	取得傳送緩衝區中的資料位元組數。
DataBits	取得或設定每一位元組之資料位元的標準長度。
DtrEnable	取得或設定值,在序列通訊期間啓用 Data Terminal Ready (DTR) 信號。
Encoding	取得或設定文字傳輸前後轉換的位元組編碼方式。預設爲 ASCII Encoding
IsOpen	取得值,指出 SerialPort 物件的開啓或關閉狀態。
Parity	取得或設定同位檢查通訊協定。
PortName	取得或設定通訊連接埠 COM 連接埠名稱。
ReceivedBytesThreshold	取得或設定 DataReceived 事件發生前,輸入緩衝區中的位元組數。
RtsEnable	取得或設定值,指出在序列通訊期間是否啓用 Request to Send (RTS) 信號。
StopBits	取得或設定每位元組之停止位元的數目。StopBits 的預設值爲 One。
WriteBufferSize	取得或設定序列埠輸出緩衝區的大小。

表 7-13 SerialPort 控制項常用事件

名稱	說明
DataReceived	此方法將會處理 SerialPort 物件的資料接收事件。
PinChanged	此方法將會處理 SerialPort 物件的序列腳位狀態變更事件。

範例 7-11　SerialPort 控制項的資料傳送和接收

1. 功能說明

   電腦透過同一個序列通訊埠在同一
   表單中送出資料，再接收回資料。

2. 學習目標

   序列通訊控制項基本練習。需注意因
   為是使用同一個 SerialPort，因此腳
   位 2(RX)或腳位 3(TX)必須接通才能
   傳輸。

⬆圖 7-30　表單配置

3. 表單配置如圖 7-30。

4. 程式碼

```vbnet
Public Class Form1

    Private Sub Form1_Load(sender As Object, e As EventArgs) Handles MyBase.Load
        Button1.Text = "傳送"
        Button2.Text = "接收"
        Label1.Text = "輸入傳送字串："
        Label2.Text = "接收："
        '設定序列通訊埠
        SerialPort1.PortName = "com20"
        '開啟通訊埠
        SerialPort1.Open()
    End Sub

    Private Sub Button1_Click(sender As Object, e As EventArgs) Handles Button1.Click
        '將 TextBox1.Text 內容透過 SerialPort1 寫入輸出緩衝區
        SerialPort1.Write(TextBox1.Text)
    End Sub

    Private Sub Button2_Click(sender As Object, e As EventArgs) Handles Button2.Click
        '讀取 SerialPort1 輸入緩衝區中的所有資料
        Label2.Text = "接收：" & SerialPort1.ReadExisting
    End Sub
End Class
```

5. 執行結果

程式執行過程與結果如圖 7-31 之說明。

(a) 輸入文字後按[傳送]鈕　　　　　　　　(b) 按[接收]鈕

⬆ 圖 7-31　執行結果

範例 7-12　SerialPort 控制項的資料傳送，並利用 Timer 固定週期接收

1. 功能說明

電腦透過同一個序列通訊埠在同一表單中送出資料，再利用 Timer 固定週期接收回資料。

2. 學習目標

序列通訊控制項基本練習。需注意因為是使用同一個 SerialPort，因此腳位 2(RX) 或腳位 3(TX)必須接通才能傳輸。

3. 表單配置如圖 7-32。

⬆ 圖 7-32　表單配置

4. 程式碼

```vb
Public Class Form1

    Private Sub Form1_Load(sender As Object, e As EventArgs) Handles MyBase.Load
        Button1.Text = "傳送"
        Label1.Text = "輸入傳送字串："
        Label2.Text = "接收："
        '設定序列通訊埠
        SerialPort1.PortName = "com20"
        '開啟通訊埠
        SerialPort1.Open()
        '啟動計時器
        Timer1.Enabled = True
    End Sub

    Private Sub Button1_Click(sender As Object, e As EventArgs) Handles Button1.Click
        '將 TextBox1.Text 內容透過 SerialPort1 寫入輸出緩衝區
        SerialPort1.Write(TextBox1.Text)
    End Sub

    Private Sub Timer1_Tick(sender As Object, e As EventArgs) Handles Timer1.Tick
        '讀取 SerialPort1 輸入緩衝區中的所有資料
        Dim str1 As String = SerialPort1.ReadExisting
        '若讀到的資料是空的，則離開副程式
        If str1 = "" Then Exit Sub
        '若讀到非空的資料，則更新 Label1 的內容
        Label2.Text = "接收：" & str1
    End Sub
End Class
```

5. 執行結果

　　程式執行過程與結果如圖 7-33 之說明。

(a) 輸入文字後按[傳送]鈕　　　　　　　　(b) 按[接收]鈕

⬆圖 7-33　執行結果

○ **Note**

若要傳送繁體字，則序列埠還須設定編碼 Encoding 屬性：

SerialPort1. Encoding = System.Text.Encoding.GetEncoding("BIG5")

7-6　程式語法

　　程式中使用迴圈可分為計次式迴圈和條件式迴圈兩大類。

1. 計次式迴圈：主要為 For…Next，語法如下

```
For 計數變數 = 起始值 To 終值 [Step 增量]
    [程式碼]
    [Exit For]
    [程式碼]
Next [計數變數]
```
其中增量可為正或負整數，其預設值為 1，[Exit For]陳述式為強制離開 For…Next 程式碼區塊。

2. 條件式迴圈：條件式迴圈的語法較多樣，包括：While … End While、Do While(Until)… Loop、Do…Loop While(Until)等。

 (1) While…End While 為條件式迴圈，其語法為：

```
While  條件式
    [程式碼]
End While
```

 (2) Do…Loop 陳述式有兩種使用語法，一種是將條件式置於程式碼前，稱為前測試迴圈，語法如下所描述：

```
Do [{While | Until} 條件式]
    [程式碼]
    [Exit Do]
    [程式碼]
Loop
```

另一種則將條件式置於程式碼之後，稱為後測試迴圈，語法為：

```
Do
    [程式碼]
    [Exit Do]
    [程式碼]
Loop [{While | Until} 條件式]
```

後面的範例將配合迴圈的用法練習。

範例 7-13 ....

1. 功能說明

 二進位轉換。輸入十進位數值，按鈕轉換成二進位，不足位數(8 位數)補 0。

2. 學習目標

 學習程式的條件式迴圈
 (While … End While)設計。

3. 表單配置如圖 7-34。

⬆圖 7-34　表單配置

4. 程式碼

```
Public Class Form1

    Private Sub Form1_Load(sender As Object, e As EventArgs) Handles MyBase.Load
        Label1.Text = "請輸入十進位數值"
        Label2.Text = "轉換結果："
        Button1.Text = "二進位轉換"
    End Sub

    Private Sub Button1_Click(sender As Object, e As EventArgs) Handles Button1.Click
        Dim a As Int16 = Val(TextBox1.Text)
        Dim r As Int16 = 0
        Dim str1 As String = ""
        While a <> 0
            r = a Mod 2 '取 a 除以 2 的餘數
            a = a \ 2     '取 a 除以 2 的商
            str1 = r & str1 '餘數以字串方式相連
        End While
        'StrDup(8 - Len(str1), "0")表示重複[8-Len(str1)]個"0"字元
        Label2.Text = "轉換結果：" & StrDup(8 - Len(str1), "0") & str1
    End Sub

End Class
```

5. 執行結果

程式執行過程與結果如圖 7-35 之說明。

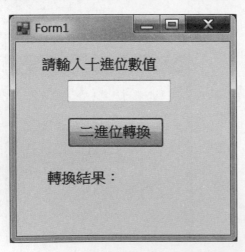

⬆圖 7-35　執行結果

範例 7-14

1. 功能說明

   二進位轉換。以亂數產生十
   進位數值，並自動換成二進
   位，不足位數(8 位數)補 0。

2. 學習目標

   學習程式的條件式迴圈
   (While … End While)設計、
   亂數物件及 Timer 的整合。

3. 表單配置如圖 7-36。

⬆ 圖 7-36　表單配置

4. 程式碼

```vbnet
Public Class Form1

    Private Sub Form1_Load(sender As Object, e As EventArgs) Handles MyBase.Load
        Label1.Text = "亂數產生數值："
        Label2.Text = "轉換結果："
        Button1.Text = "二進位轉換-開始"
    End Sub

    Private Sub Button1_Click(sender As Object, e As EventArgs) Handles Button1.Click
        Timer1.Enabled = Not Timer1.Enabled
        '當 Timer1 為禁能狀態，則 Button1 的標題為[停止]，否則 Button1 的標題為[啓動]
        Button1.Text = "二進位轉換-" & IIf(Timer1.Enabled, "停止", "開始")
    End Sub

    Private Sub Timer1_Tick(sender As Object, e As EventArgs) Handles Timer1.Tick
        Dim rnd As New Random
        Dim a As Int16 = rnd.Next(256)
        Dim r As Int16 = 0
        Dim str1 As String = ""
```

```
        Label1.Text = "亂數產生數值：" & a
        While a <> 0
            r = a Mod 2 '取 a 除以 2 的餘數
            a = a \ 2    '取 a 除以 2 的商
            str1 = r & str1 '餘數以字串方式相連
        End While
        'StrDup(8 - Len(str1), "0")表示重複[8-Len(str1)]個"0"字元
        Label2.Text = "轉換結果：" & StrDup(8 - Len(str1), "0") & str1
    End Sub
End Class
```

5.　執行結果

程式執行過程與結果如圖 7-37 之說明。

⬆ 圖 7-37　執行結果

範例 7-15　陣列與物件陣列

1.　功能說明

跑馬燈設計。按下按鈕，燈號會依次亮滅。

2.　學習目標

學習如何將程式設計階段建立的 Label 控制項設定為控制項陣列，並利用迴圈設計跑馬燈。

3. 表單配置如圖 7-38。

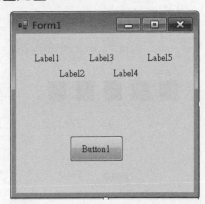 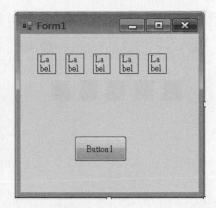

⬆圖 7-38　表單配置

4. 程式碼

```vbnet
Public Class Form1
    Dim labObj() As Label      '宣告物件變數陣列
    Private Sub Form1_Load(sender As Object, e As EventArgs) Handles MyBase.Load
        '指定物件變數陣列實體
        labObj = New Label() {Label1, Label2, Label3, Label4, Label5}
        '設定 Label 物件陣列的背景色及表面文字
        For i = 0 To 4
            labObj(i).Text = ""
            labObj(i).BackColor = Color.Black
        Next
        Button1.Text = "跑馬燈"
    End Sub
    Dim k As Int16 = 0
    Private Sub Button1_Click(sender As Object, e As EventArgs) Handles Button1.Click
        '設定 Label 物件陣列的背景色全為黑色
        For i = 0 To 4
            labObj(i).BackColor = Color.Black
        Next
        '索引值為 k 的 Label 物件背景色設為紅色
        labObj(k).BackColor = Color.Red
        'k 值=0～4
        k = (k + 1) Mod 5
    End Sub
End Class
```

5. 執行結果

程式執行過程與結果如圖 7-39 之說明。

 圖 7-39　執行結果

範例 7-16........

1. 功能說明

跑馬燈設計。按下按鈕，燈號自動以亂數方式亮一個燈號。

2. 學習目標

學習如何在程式執行階段利用計次式迴圈(For…Next)建立 Label 控制項陣列，並利用亂數設計跑馬燈。

3. 表單配置如圖 7-40。

圖 7-40　表單配置

4. 程式碼

```
Public Class Form1
    '宣告  Lamp()為 label 控制項陣列變數
    Dim lamp(8) As Label
    Private Sub Form1_Load(sender As Object, e As EventArgs) Handles MyBase.Load
        '建立 Lamp()實體，並設定相關屬性。
        For i = 0 To 7
            lamp(i) = New Label '建立實體
            lamp(i).Width = 20
            lamp(i).Height = 50
            lamp(i).BorderStyle = BorderStyle.FixedSingle
            lamp(i).BackColor = Color.Black
            lamp(i).Left = 40 + 25 * i
            lamp(i).Top = 50
            Me.Controls.Add(lamp(i))        '將 Lamp(i)加入至表單
        Next
        Button1.Text = "啓動"
    End Sub


    Private Sub Button1_Click(sender As Object, e As EventArgs) Handles Button1.Click
        Timer1.Enabled = Not Timer1.Enabled
        '當 Timer1 為禁能狀態，則 Button1 的標題為[停止]，否則 Button1 的標題為[啓動]
        Button1.Text = IIf(Timer1.Enabled, "停止", "啓動")
    End Sub


    Dim ch As Int16 = 0 '紀錄亮燈位置
    Private Sub Timer1_Tick(sender As Object, e As EventArgs) Handles Timer1.Tick
        Dim rnd As New Random     '宣告亂數物件
        '前一次亮燈位置設為黑色
        lamp(ch).BackColor = Color.Black
        '亂數產生亮燈位置
        ch = rnd.Next(8)
        '亮燈位置設為紅色
        lamp(ch).BackColor = Color.Red
    End Sub
End Class
```

5. 執行結果

程式執行過程與結果如圖 7-41 之說明。

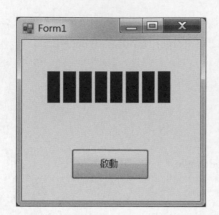

⬆圖 7-41　執行結果

7-7　綜合範例

範例 7-17　延遲開啓與延遲關閉

1. 功能說明

設計兩個燈號開關，[開啓]按鈕會延遲開啓燈號，[關閉]按鈕會延遲關閉燈號。

2. 學習目標

計時器與時序規劃的整合應用

3. 表單配置如圖 7-42。

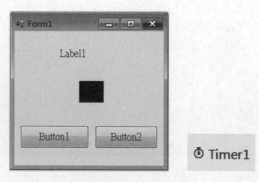

⬆圖 7-42　表單配置

4.　程式碼

```
Public Class Form1

    Dim k, ch As Int16
    Private Sub Timer1_Tick(ByVal sender As System.Object, ByVal e As System.EventArgs) Handles
Timer1.Tick
        'Timer1.Interval=100ms，以 k 計次，k=20 表示計時 2 秒鐘
        k += 1
        If k = 20 Then
            Label2.BackColor = IIf(ch = 1, Color.Red, Color.Black)
            Timer1.Enabled = False
        End If
        Label1.Text = IIf(ch = 1, "開燈倒數：", "關燈倒數：") & (20 - k) ／ 10 & "秒"
    End Sub


    Private Sub Button1_Click(ByVal sender As System.Object, ByVal e As System.EventArgs) Handles
Button1.Click
        Timer1.Enabled = True
        k = 0
        ch = 1
    End Sub


    Private Sub Button2_Click(ByVal sender As System.Object, ByVal e As System.EventArgs) Handles
Button2.Click
        Timer1.Enabled = True
        k = 0
        ch = 2
    End Sub


    Private Sub Form1_Load(ByVal sender As System.Object, ByVal e As System.EventArgs) Handles
MyBase.Load
        Button1.Text = "延遲開燈"
        Button2.Text = "延遲關燈"
        Label1.Text = "開燈倒數："
    End Sub
End Class
```

5. 執行結果

程式執行過程與結果如圖 7-43 之說明。

⬆ 圖 7-43　執行結果

範例 7-18　鐵捲門模擬

1. 功能說明

鐵捲門控制模擬設計。按下三個開關按鈕：上、下、停，模擬鐵捲門的操作。

2. 學習目標

整合 Label 控制項與 Timer 制項屬性設定的整合應用。

3. 表單配置如圖 7-44。

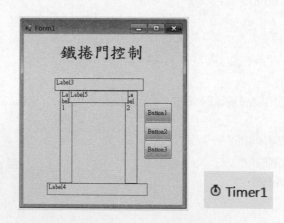

⬆ 圖 7-44　表單配置

4. 程式碼

```
Public Class Form1

    Dim ch As Int16 '設定鐵捲門方向
    Private Sub Button1_Click(ByVal sender As System.Object, ByVal e As System.EventArgs) Handles
Button1.Click
        Timer1.Enabled = True
        ch = -1
    End Sub

    Private Sub Button3_Click(ByVal sender As System.Object, ByVal e As System.EventArgs) Handles
Button3.Click
        Timer1.Enabled = True
        ch = 1
    End Sub

    Private Sub Timer1_Tick(ByVal sender As System.Object, ByVal e As System.EventArgs) Handles
Timer1.Tick
        If Label5.Height < 10 And ch = -1 Then
            Timer1.Enabled = False
        ElseIf Label5.Height > 210 And ch = 1 Then
            Timer1.Enabled = False
        Else
            Label5.Height += ch * 5
        End If
    End Sub

    Private Sub Button2_Click(ByVal sender As System.Object, ByVal e As System.EventArgs) Handles
Button2.Click
        Timer1.Enabled = False
    End Sub

    Private Sub Form1_Load(ByVal sender As System.Object, ByVal e As System.EventArgs) Handles
MyBase.Load
        Label1.Text = ""
        Label2.Text = ""
        Label3.Text = ""
        Label4.Text = ""
        Label5.Text = ""
```

```
        Button1.Text = "上"

        Button2.Text = "停"

        Button3.Text = "下"

        Label4.BackColor = Color.LightGray

        Label5.BackColor = Color.DarkOrchid

        Label5.Height = 10

    End Sub


End Class
```

5　執行結果

程式執行過程與結果如圖 7-45 之說明。

⬆圖 7-45　執行結果

範例 7-19　裝置狀態監視

1.　功能說明

裝置監控模擬介面設計。按下按鈕，燈號依二進位亂數進行連續的亮滅。

2.　學習目標

整合二進位轉換、亂數物件與控制項陣列的整合應用。

3. 表單配置如圖 7-46。

🔼 圖 7-46 表單配置

4. 程式碼

```
Public Class Form1

    Dim Lamp(7) As Label

    Private Sub Form1_Load(ByVal sender As System.Object, ByVal e As System.EventArgs) Handles
MyBase.Load
        For i = 0 To 7
            Lamp(i) = New Label
            With Lamp(i)
                .Width = 20
                .Height = 10
                .BorderStyle = BorderStyle.FixedSingle
                .Top = 80
                .Left = 22 * i + 50
                .BackColor = Color.Black
            End With
            Me.Controls.Add(Lamp(i))
        Next
        Button1.Text = "啟動燈號"
        Label1.Text = "亂數值："
    End Sub

    Private Sub Timer1_Tick(ByVal sender As System.Object, ByVal e As System.EventArgs) Handles
Timer1.Tick
```

```
        Dim rnd As New Random
        Dim x, r As Int32
        Dim y As String = ""
        x = rnd.Next(256)      '上限值為 255(8 位元均為 1)
        Do
            r = x Mod 2         '取餘數
            x = x \ 2           '取商
            y = r & y
        Loop While (x <> 0)
        '字串 y 前端補"0"至 8 個字元
        y = StrDup(8 - Len(y), "0") & y
        Label1.Text = "亂數值：" & y
        For i = 0 To 7
            Lamp(i).BackColor = IIf(Mid(y, i + 1, 1) = "1", Color.Red, Color.Black)
        Next
    End Sub

    Private Sub Button1_Click(ByVal sender As System.Object, ByVal e As System.EventArgs) Handles
Button1.Click
        Timer1.Enabled = Not Timer1.Enabled
        Button1.Text = IIf(Timer1.Enabled, "暫停燈號", "啟動燈號")
    End Sub
End Class
```

5.　執行結果

　　程式執行過程與結果如圖 7-47 之說明。

↑圖 7-47　執行結果

範例 7-20 移載平台模擬

1. 功能說明

移載平台運動與近接開關狀態模擬。隨著移載平台的移動，對應位置的近接開關燈號會跟著亮滅。

2. 學習目標

Label 控制項屬性、Timer 控制項與順序邏輯的整合應用。

3. 表單配置如圖 7-48。

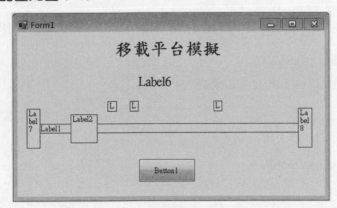

↑ 圖 7-48 表單配置

4. 程式碼

```
Public Class Form1

    Dim sensor() As Label    '宣告 sensor()為 Label 物件陣列變數
    Dim s As String = "000"

    Private Sub Button1_Click(ByVal sender As System.Object, ByVal e As System.EventArgs) Handles
Button1.Click
        Timer1.Enabled = True
        '平台復位
        Label2.Left = Label1.Left + 5
    End Sub

    Private Sub Timer1_Tick(ByVal sender As System.Object, ByVal e As System.EventArgs) Handles
Timer1.Tick
        Label2.Left += 5
```

```
        '依序判斷，每個 sensor 的位置是否落在移動平台(label2)的範圍內[左緣,左緣+寬度]
        For i = 0 To 2
            Dim r As Boolean = Label2.Left + Label2.Width > sensor(i).Left And Label2.Left <
sensor(i).Left + sensor(i).Width
            sensor(i).BackColor = IIf(r, Color.Red, Color.Black)
            Mid(s, i + 1, 1) = IIf(r, "1", "0")
        Next
        Label6.Text = "近接開關訊息: " & s
        '當平台到達作右邊時，令計時器停止，即停止平台運動。
        If Label2.Left + Label2.Width + 5 > Label1.Left + Label1.Width Then Timer1.Enabled = False
    End Sub
    Private Sub Form1_Load(ByVal sender As System.Object, ByVal e As System.EventArgs) Handles
MyBase.Load
        '指定 sensor()對應的實體 Laebl 物件
        sensor = New Label() {Label3, Label4, Label5}
        '預設燈號為黑色
        For i = 0 To 2
            sensor(i).Text = ""
            sensor(i).BackColor = Color.Black
        Next
        Label1.Text = ""
        Label2.Text = ""
        Label2.BackColor = Color.DarkGray
        Label6.Text = "近接開關訊息: " & s
        Label2.Left = Label1.Left + 5
        Label7.Text = ""
        Label8.Text = ""
        Label1.BackColor = Color.Gray
        Label7.BackColor = Color.Brown
        Label8.BackColor = Color.Brown
        Button1.Text = "啓動"
    End Sub
End Class
```

5　執行結果

程式執行過程與結果如圖 7-49 之說明。

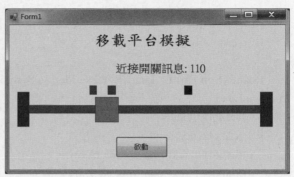

圖 7-49　執行結果

範例 7-21　氣壓缸動作模擬

1. 功能說明

延續前面氣壓缸的動作，但每按一次開關，氣壓缸會連續作動伸縮 5 次才會停止。

2. 學習目標

整合 Label 控制項、計時器與順序邏輯規劃之整合應用。

3. 表單配置如圖 7-50。

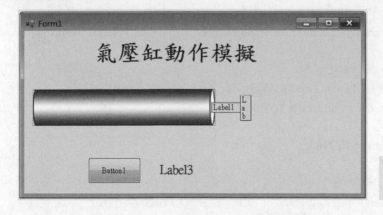

圖 7-50　表單配置

4. 程式碼

```vbnet
Public Class Form1

    Dim ch As Int16 = 1 '氣壓缸伸縮變數
    Dim cnt As Int16 = 0

    Private Sub Form1_Load(ByVal sender As System.Object, ByVal e As System.EventArgs) Handles MyBase.Load
        Label1.Text = ""
        Label2.Text = ""
        Label1.BackColor = Color.Gray
        Label2.BackColor = Color.DarkGray
        Label3.Text = "作動完成次數：" & cnt
        Label1.Width = 12
        Label2.Left = Label1.Left + Label1.Width
        Button1.Text = "啟動"
    End Sub

    Private Sub Button1_Click(ByVal sender As System.Object, ByVal e As System.EventArgs) Handles Button1.Click
        Timer1.Enabled = True
        cnt = 0
        Label3.Text = "作動完成次數：" & cnt
        Button1.Enabled = False
    End Sub

    Private Sub Timer1_Tick(ByVal sender As System.Object, ByVal e As System.EventArgs) Handles Timer1.Tick
        Label1.Width += ch * 10
        Label2.Left = Label1.Left + Label1.Width - 2
        If Label1.Width > 0.7 * PictureBox1.Width Then
            ch = -1
        ElseIf Label1.Width < 15 Then
            ch = 1
            cnt += 1        '計次累計
            If cnt = 5 Then Timer1.Enabled = False : Button1.Enabled = True
            Label3.Text = "作動完成次數：" & cnt
        End If
    End Sub

End Class
```

5. 執行結果

程式執行過程與結果圖 7-51 之說明。

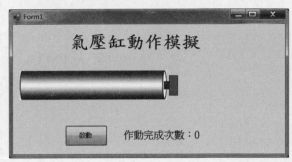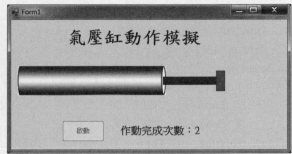

圖 7-51 執行結果

範例 7-22 紅綠燈監控模擬

1. 功能說明

紅綠燈模擬(綠燈 5 秒,黃燈 2 秒,紅燈 7 秒為綠燈與黃燈的時間總和)。按下[啟動]按鈕,紅綠燈燈號開始動作,且燈號上顯示該燈號的倒數計時。

2. 學習目標

Label 控制項陣列與時序的規劃整合應用。

3. 表單配置圖 7-52。

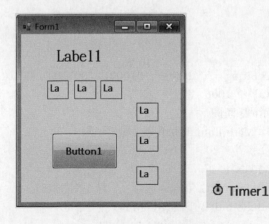

圖 7-52 表單配置

4.　程式碼

```
Public Class Form1
    Dim t As Single = 0
    Dim G_Time, Y_Time, R_Time As Int16
    Dim led() As Label
    Private Sub Form1_Load(ByVal sender As System.Object, ByVal e As System.EventArgs) Handles
MyBase.Load
        Label1.Text = "紅綠燈模擬"
        G_Time = 5    '綠燈時間
        Y_Time = 2    '黃燈時間
        R_Time = G_Time + Y_Time      '紅燈時間
        Button1.Text = "啓動"
        led = New Label() {Label2, Label3, Label4, Label5, Label6, Label7}
        For i = 0 To 5
            led(i).Text = ""
            led(i).BackColor = Color.Black
        Next
    End Sub

    Private Sub Timer1_Tick(ByVal sender As System.Object, ByVal e As System.EventArgs) Handles
Timer1.Tick
        Dim ch As Int16 '紅綠燈狀態
        '每個燈號的顏色
        Dim ledColor() As Color = {Color.Green, Color.Yellow, Color.Red, Color.Green, Color.Yellow,
Color.Red}
        'GYRGYR <==4 種紅綠燈狀態
        '100001
        '010001
        '001100
        '001010
        Dim TrafficSignal() As String = {"100001", "010001", "001100", "001010"}
        t = t + Timer1.Interval ／ 1000
        '設定燈號狀態式與顯示倒數時間
        'Math.Round()的用法：Math.Round(數值,取小數點位數)
        If t < G_Time Then
            ch = 0    '狀態 0-"100001"
            led(0).Text = Math.Round(G_Time - t, 1)      '綠 1 倒數計時
            led(5).Text = Math.Round(R_Time - t, 1)      '紅 2 倒數計時
        ElseIf t >= G_Time And t < (G_Time + Y_Time) Then
            ch = 1    '狀態 1-"010001"
            led(1).Text = Math.Round(R_Time - t, 1)      '黃 1 倒數計時
```

```
            led(5).Text = Math.Round(R_Time - t, 1)        '紅 2 倒數計時
        ElseIf t >= (G_Time + Y_Time) And t < R_Time + G_Time Then
            ch = 2    '狀態 2-"001100"
            led(2).Text = Math.Round(2 * R_Time - t, 1)     '紅 1 倒數計時
            led(3).Text = Math.Round(R_Time + G_Time - t, 1)   '綠 2 倒數計時
        ElseIf t >= R_Time + G_Time And t < 2 * R_Time Then
            ch = 3    '狀態 3-"001010"
            led(2).Text = Math.Round(2 * R_Time - t, 1)     '紅 1 倒數計時
            led(4).Text = Math.Round(2 * R_Time - t, 1)     '黃 2 倒數計時
        ElseIf t >= 2 * R_Time Then
            t = 0
        End If
        '設定燈號顏色
        For i As Int16 = 0 To 5
            led(i).BackColor = IIf(TrafficSignal(ch).Substring(i, 1) = "0", Color.Black, ledColor(i))
        Next
    End Sub

    Private Sub Button1_Click(ByVal sender As System.Object, ByVal e As System.EventArgs) Handles
Button1.Click
        Timer1.Enabled = Not Timer1.Enabled
        Button1.Text = IIf(Timer1.Enabled, "暫停", "啟動")
    End Sub
End Class
```

5. 執行結果

程式執行過程與結果圖 7-53 之說明。

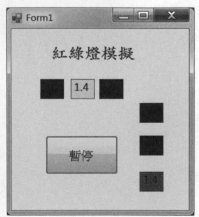

圖 7-53　執行結果

Chapter 8

PLC 的通訊協定與
電腦圖形監控

　　圖形監控是自動化系統常見的一種系統監控呈現方式，系統進行圖形監控的架構主要包括幾個部份：

1. 監視與操控端部分：除能呈現系統狀態之外，亦可讓使用者進行參數設定及手動控制，常見的圖形監視介面如人機介面(Human-Machine Interface, HMI)、一般電腦螢幕與鍵盤、觸控平板等。

2. 控制器部分：自動化系統使用的控制器種類很多，常見的控制器如可程式控制器(PLC)、可程式自動化控制器(PAC)、PC-Based 控制器、嵌入式控制器、單晶片系統控制器等。

3. 受監控系統：任何需要監視或控制的系統，均可以圖形監控方式來設計，例如工廠的生產自動化系統、居家照護系統、智慧家庭與家庭自動化系統、溫室植栽與環境監控系統等。

　　如圖 8-1 為一簡易的圖形監控系統實現示意圖。

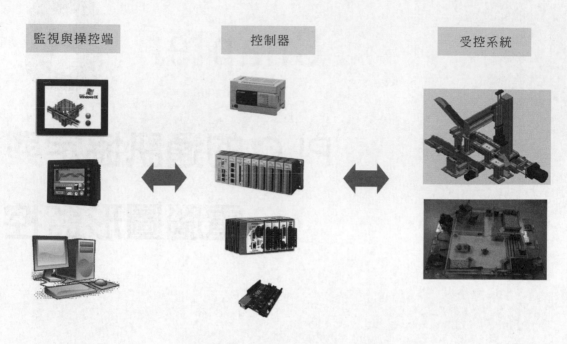

監視與操控端　　　　　　控制器　　　　　　　　受控系統

↑ 圖 8-1　圖形監控的實現示意圖

　　若以 PLC 做為自動化系統的控制器，要完成系統的圖形監控，一般是透過下列的方法來達成：

1.　在 PC 上使用人機介面(HMI)編輯軟體規劃圖控介面，再下載至人機介面(HMI)進行圖形監控。

2.　在 PC 上利用圖控軟體，如各式 SCADA 軟體或 LabView 圖形式語言開發工具，並直接搭配 PC 做為監控用的終端機與輸入介面。

3.　在 PC 上自行開發圖控介面，如使用視窗應用程式開發工具 Visual Studio.NET，並直接以 PC 做為監控用的終端機與輸入介面。

　　就學習曲線來說，使用 HMI 不需要撰寫程式，且直覺式的監控畫面規劃與設定，讓使用者可以快速完成圖形監控的介面設計，對初學者是一種愉快的體驗；就成本與彈性來說，人機介面與開發工具都需要成本支出，而若是使用 Visaul Studio.NET 進行開發，由於目前 Visaul Studio.NET 的免費 Express 版都支援序列通訊控制元件，對設備業者來說，自行開發應是最符合效益的。

考量在相對低成本下完成圖形監控的設計，本章將介紹基於 Visaul Studio.NET 的圖形監控系統開發。要進行 PLC 的電腦圖形監控，大致須具備下面的技術及足夠的文件資料：

1. PLC 程式設計能力。

2. 視窗程式設計能力。

3. PLC 的通訊協定與 PC 的通訊程式撰寫。

其中 PLC 程式設計能力是要能夠將欲自動化的設備裝置所需要的順序動作流程，轉換成 PLC 程式，它的主體是 PLC 控制器；視窗程式設計能力則是要在取得 PLC 的元件資訊後，能夠完成圖形介面的規劃與設計，它的主體是電腦；至於通訊協定是用來規範 PC 與 PLC 之間溝通的方式，要實際進行溝通，則必須撰寫通訊程式，以完成兩個主體間的連結與交握。

一般而言，PLC 的通訊協定已經由廠商設計完成，要在 PC 端撰寫程式進行與 PLC 的通訊，必須透過廠商提供的手冊文件，以了解 PLC 元件讀取與寫入的通訊資料格式。有些 PLC 的通訊過程是相當繁複的，為求使用的便利性，當熟悉通訊協定後，可以透過程式的封裝技術，將通訊協定設計成物件或類別，提供給視窗介面設計者使用，基於封裝與可重複性使用的概念，將可以大幅降低 PLC 圖形監控設計的門檻與時間，如圖 8-2 所示。

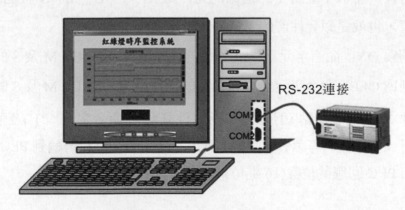

RS-232連接

↑ 圖 8-2　PLC 與 PC 進行通訊

8-1　三菱 FX 系列 PLC 的通訊協定

　　三菱 FX 系列 PLC 與 PC 的電腦通訊格式為每一個 ASCII 碼皆以非同步雙向、鮑率 9600bps、同位元檢核為偶同位、資料長度 7bits、停止位元 1bit 的格式進行傳輸，如圖 8-3。

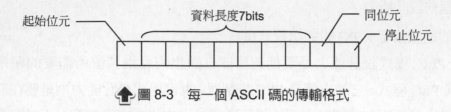

🔺 圖 8-3　每一個 ASCII 碼的傳輸格式

　　通常將上述序列通訊傳輸格式記為"9600,e,7,1"，對於 VB.NET 應用程式設計者，以上的通訊格式只需要在通訊元件的屬性視窗中進行設定即可，並不需要花太多功夫。

　　我們比較關心的是 PC 對三菱 FX 系列 PLC 的命令下達格式。在實際的操作上，PC 對 FX 可程式控制器下達命令的種類有以下 4 種：

1. 元件群讀取：命令字元為'0'，適用的元件為 X、Y、T、C、M、S 接點及 T、C、D 的目前值，也就是以元件群的方式讀取上述元件的內容。

2. 元件群寫入：命令字元為'1'，適用的元件為 Y、T、C、M、S 接點及 T、C、D 的目前值，也就是以元件群的方式將設定值寫入上述元件。

3. 元件強制為 ON：命令字元為'7'，適用的元件為 Y、T、C、M 及 S 的單一接點。

4. 元件強制為 OFF：命令字元為'8'，適用的元件為 Y、T、C、M 及 S 的單一接點。

其中因為元件 X 是輸入接點，所以不支援元件群寫入(命令字元：'1')及強制為 ON／OFF(命令字元：'7'和'8')等命令，表 8-1 列出上述命令在資料傳輸到 PLC 時佔用的位數(16 進位)和 PLC 回應的位數(16 進位)。

⬇表 8-1　FX 系列 PLC 命令種類所佔用的位數及其回應位數

項次	起始碼 (STX) 佔用位數	命令字元 (CMD) 佔用位數	元件位址 佔用位數	位元組數 佔用位數	資料筆數 佔用位數	結束碼 (ETX) 佔用位數	檢查碼 (SUM) 佔用位數	回應 位數
元件群讀取	1	1(為'0')	4	2(假設值為 K)	×	1	2	2K+4
元件群寫入	1	1(為'1')	4	2(假設值為 K)	2K	1	2	1
元件強制為 ON	1	1(為'7')	4	×	×	1	2	1
元件強制為 OFF	1	1(為'8')	4	×	×	1	2	1

　　PC 端依表 8-1 規定的格式組成的命令字串透過序列埠傳送至 PLC，PLC 在接收命令字串後，即解析字串並執行命令指定的任務，接著將結果(可能是接收是否成功的確認字元，或者是 PC 要求 PLC 回應的元件狀態內容)回傳給 PC，如圖 8-4 所示。

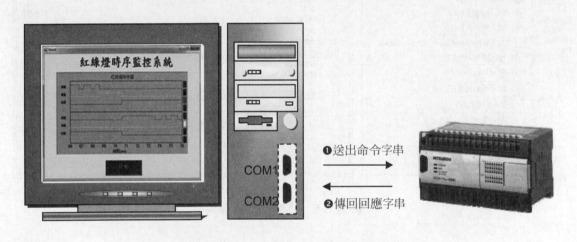

❶送出命令字串
❷傳回回應字串

⬆圖 8-4　PC 與 PLC 的通訊互動

　　觀察表 8-1 中，其中元件的位址查表及檢查碼(Check Sum)的計算都是一件繁瑣的工作，且在表 8-1 中有些元件起始位址是採(高位元組)及(低位元組)排列，有些則是(低位元組)必須排在(高位元組)的前面，對於不熟悉查表的使用者很容易弄錯；此外，對於 "讀取" 命令下達後的回應訊息，亦必須撰寫程式加以解析，也造成初學者學習上不易跨過的門檻。

　　為能快速使 PC 與 FX 系列 PLC 進行連線運用，作者將 FX 系列 PLC 的命令字串的格式，以 VB.NET 製作成類別(ClassYSK_FX2)，本小節將介紹基於 ClassYSK_FX2 類別的 FX 系列 PLC 電腦通訊使用法。使用者只要將 ClassYSK.DLL 加入參考，便可很容易透過電腦對 FX 系列 PLC 進行監控。

　　FX 系列 PLC 電腦通訊類別 ClassYSK_FX2 的使用步驟如下：

1. 加入參考

　　加入參考可以讓設計者在程式撰寫時，順利的引用類別，並建立物件實體，如圖 8-5 所示。

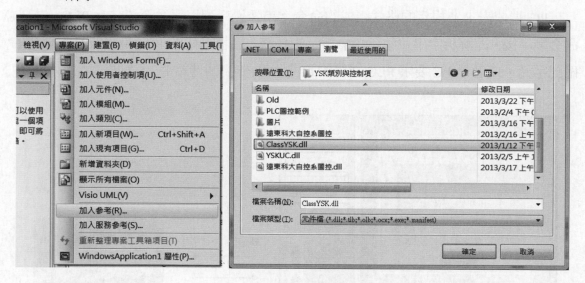

⬆ 圖 8-5　將類別加入參考

2. 建立物件實體(假設名稱設為 PLC)，並開啟 PC 與 FX2 間的通訊埠(假設通訊埠為 com20)。

```
Dim PLC As New ClassYSK.ClassYSK_FX2("com20")

Private Sub Form1_Load(ByVal sender As System.Object, ByVal e As System.EventArgs) Handles
MyBase.Load
    PLC.Commu_FX2.Open()
End Sub
```

3. 與 PLC 進行通訊。關於此類別的語法根據前述的命令字元('0'、'1'、'7'和'8')分為四種，假設物件實體設為 PLC，並已將 s 宣告為字串(Dim s As String)，茲將語法之使用分別說明於下：

(1) 寫入元件群。語法為：

PLC.FX2("W"，元件群起始位址, 寫入元件群 Byte 數，寫入內容)

➡【例】　S = PLC.FX2("W", "GY0", "01", "FF")

寫入 GY0 ～ GY7 起共 1 Byte 的記憶體中，內容為 $(FF)_{16}=(11111111)_2$

➡【例】　資料記憶體元件 D 的大小為 2 Bytes，故寫入元件群 Byte 數為 2 的倍數

S = PLC.FX2("W", "DV0", "02", "0005")

寫入 D0 共 2 Bytes 的記憶體中，內容為 $(0005)_{16}=(5)_{10}$

(2) 讀取元件群。語法為：

PLC.FX2("R", 元件群起始位址, 讀元件群 Byte 數)

➡【例】　讀取 Y10～Y17 及 Y20～Y27 的內容，共 2 Bytes 的記憶體，程式寫法為

S = PLC.FX2("R", "GY10", "02")

➡【例】　讀取 D0 及 D1 中的值內容(D0)(D1)，共 4 Bytes 的記憶體，程式寫法為

S = PLC.FX2("R", "DV0", "04")

本例須特別注意讀取內容的先後順序。

➡【例】　讀取 C0 中的值內容，共 2 Bytes 的記憶體，程式寫法為

S = PLC.FX2("R", "DC0", "02")

(3)　強制單點元件為 ON。語法為：

PLC.FX2("ON", 元件位址)

➡【例】　設定 M0 為 ON，程式寫法為

S =PLC.FX2("ON", "DM0")

(4)　強制單點元件為 OFF。語法為：

PLC.FX2("OFF", 元件位址)

➡【例】　設定 Y0 為 OFF，程式寫法為

S = PLC.FX2("OFF", "DY0")

有關 ClassYSK_FX 類別對於 PLC 元件的適用範圍列於表 8-2。

表 8-2　FX PLC 通訊類別 ClassYSK_FX 對於 PLC 元件的適用範圍

元件別 命令別		X (0～177)	Y (0～177)	M (0～1023)	T (0～255)	T 值 (0～255)	C (0～255)	C 值 (0～199)	D 值 (0～511)
元件群	W		GY	GM	GT	TV	GC	CV	DV
	R	GX	GY	GM	GT	TV	GC	CV	DV
單一元件	ON		DY	DM	DT		DC		
	OFF		DY	DM	DT		DC		

註：( )中的數字範圍為控制項可使用的有效元件。

【注意事項】1. 關於元件群的使用，須注意每個元件群的進位方式及起始位址

2. GX、GY：為 8 進位，起始位址須可被 8 整除。

3. GM、GT、GV：為 10 進位，起始位址須可被 8 整除。

4. 特別注意回傳值的進位方式。

8-2　isPLC 的通訊協定

在設計 isPLC 時，同樣的內建了與電腦通訊的能力，isPLC 的通訊鮑率為 38400 bps。為加速使用者的圖形監控開發時程，isPLC 的開發團隊將 isPLC 的電腦通訊協定封裝成一個 Microsoft .NET 平台下的通訊類別，使用此類別可在 Microsoft .NET Framework 3.5 以上(含)進行視窗程式的開發。亦即使用此 isPLC 通訊類別(包含於

ClassCGS.DLL)，可使 isPLC 與具.NET 平台之 PC 進行序列通訊，經由 isPLC 通訊類別提供的方法，可快速達成電腦的圖形監控設計。

與三菱 FX 系列 PLC 相同，isPLC 通訊類別的監控命令亦設計成 4 種：

1. 元件群寫入：針對位元元件 Y、M、T、C 的元件群(不包含 X)，或資料暫存器 D 的資料寫入。

2. 元件群讀取：針對位元元件 X、Y、M、T、C 的元件群，或資料暫存器 D 的資料讀取。

3. 單一元件置位(強制為 ON)：針對位元元件 Y、M、T、C 的接點的置位。

4. 單一元件復位(強制為 OFF)：針對位元元件 Y、M、T、C 的接點的復位。

isPLC 與 PC 進行序列通訊，其步驟如下：

1. 將 ClassCGS.DLL 加入參考。

2. 建立 isPLC 通訊類別物件實體，並開啟 PC 與 FX2 間的通訊(假設通訊埠為 com20)。

```
Dim PLC As New ClassCGS.ClassCGS_isPLC("COM20")
Private Sub Form1_Load(…) Handles MyBase.Load
    PLC.Commu_isPLC.Open()
End Sub
```

3. 運用 isPLC 通訊類別的方法，與 isPLC 進行通訊與互動。假設物件實體設為 PLC，並已將 s 宣告為字串(Dim s As String)，茲將語法之使用分別說明於下：

(1) 寫入元件群。語法為：

isPLC("W"，元件群起始位址，寫入元件群 Byte 數，寫入內容)

　　【例】　　寫入 GY7～GY0 起共 1 Byte 的記憶體中，內容為 (FF)16=(11111111)2，程式寫法為：

　　　　　　S = PLC.isPLC("W", "GY0", "01", "FF")

　　【例】　　設定 GY7～GY0 內容為(01)16=(00000001)2, GY17～GY10 內容為(0A)16=(00001010)2，程式寫法為：

　　　　　　S = PLC.isPLC("W", "GY0", "02", "010A")

➡【例】　寫入 D0 共 2 Bytes 的記憶體中，其中內容為 $(0005)_{16} = (5)_{10}$，
程式寫法為：

S = PLC.isPLC("W", "DV0", "02", "0005")

➡【例】　寫入 D0～D1 共 4 Bytes 的記憶體中，其中 D0 內容為
$(0005)_{16}=(5)_{10}$，D1 內容為$(FFFF)_{16}= (65535)_{10}$，程式寫法為：

S = PLC.isPLC("W", "DV0", "04", "0005FFFF")

(2) 讀取元件群。語法為：

isPLC("R", 元件群起始位址, 讀元件群 Byte 數)

回傳的字串格式如下：

元件順序	元件 1		元件 2			元件 N	
回傳位元	高位元	低位元	高位元	低位元	…	高位元	低位元

其中數值元件的回傳格式是 16 進位組成的字串，位元元件的群讀取則為 2
進位組成之字串。

➡【例】　讀取 M0～M15 的內容，共 2 Bytes 的記憶體，程式寫法為：

S = PLC.isPLC("R", "GM0", "02")

假設 M7～M0 內容為$(3D)_{16}=(00111101)_2$，M15～M8 內容為
$(F0)_{16}=(11110000)_2$，則回傳的字串為 S="0011110111110000"。

➡【例】　讀取 D0 及 D1 中的值內容(D0)(D1)，共 4 Bytes 的記憶體，程
式寫法為：

S = PLC.isPLC("R", "DV0", "04")

假設 D0 內容為$(10)_{10}=(000A)_{16}$，D1 內容為$(256)_{10}=(0100)_{16}$，
則回傳的字串為 S="000A0100"。

(3)　強制單點元件為 ON。語法為：

isPLC("ON", 元件位址)

　➡【例】　　M0 強制為 ON，程式寫法為：

S = PLC.isPLC("ON", "DM0")

(4)　強制單點元件為 OFF。語法為：

isPLC("OFF", 元件位址)

　➡【例】　　Y0 強制為 OFF，程式寫法為：

s=PLC.isPLC("OFF", "DY0")

　　詳細的監控命令與元件適用範圍列於表 8-3。其中接點元件 Y、M、T、C 大小為 1 bit，資料暫存器元件 D 大小佔用 2 Bytes。

➡ 表 8-3　isPLC 通訊類別 ClassCGS 對於 PLC 元件的適用範圍

元件別 命令別		X (0～5)	Y (0～5)	M (0～49)	T (0～19)	C (0～19)	D 值 (0～29)
元件群	W		GY	GM	GT	GC	DV
	R	GX	GY	GM	GT	GC	DV
單一元件	ON		DY	DM	DT	DC	
	OFF		DY	DM	DT	DC	

註：( )中的數字範圍為控制項可使用的有效元件。

【注意事項】1. 關於元件群的使用，須注意每個元件群的進位方式及起始位址。

　　　　　　2. 請特別注意回傳值的進位方式。

　　　　　　3. 目前 isPLC-Duino 的 DI 和 DO 均只支援 6 隻腳位。因此，不管要求回傳幾個位元組的資料，其回傳值均預設為 8 個位元。

8-3　PLC 的電腦圖形監控

　　本節將利用前面兩小節中介紹的 PLC 通訊控制類別，分別完成 FX 系列 PLC 與 isPLC 的電腦圖形監控。由於 isPLC 不須經擴充模組即可直接支援類比輸入，因此，有關類比輸入與智慧家庭應用的範例，僅以 isPLC 進行電腦圖形監控之設計。

8-3-1　閃爍燈號圖形監控

一、動作說明

　　以一個外部開關(X0)與軟體介面開關(M0)控制燈號 Y0 的閃爍狀況，同時讀回 Y0 燈號狀態並以圖案顏色的變化來呈現監控狀況，如圖 8-6 所示。

二、階梯圖

　　階梯圖除在 X0 並聯一個 M0 接點外，都與前面的範例相同。

```
X0      T1                                          (T0 K10 )
├──┤ ├──┤/├──────────────────────────────────┤
│ M0   │
├──┤ ├──┤
│ T0   │
├──┤ ├──┤                                          (T1 K10 )
│                                                  ( Y0    )
│                                                  [ END   ]
```

▲圖 8-6　閃爍燈號階梯圖

三、VB 表單畫面設計

　　本章設計畫面如圖 8-7 所示。

▲圖 8-7　表單設計畫面

四、VB 程式碼

1.　監控三菱 FX PLC

```
Public Class Form1

    '宣告物件，並實體化
    Dim plc As New ClassYSK.ClassYSK_FX2("com83")
    Private Sub Form1_Load(ByVal sender As System.Object, ByVal e As System.EventArgs) Handles
MyBase.Load
        '開啓通訊埠
        plc.Commu_FX2.Open()
        Button1.Text = "啓動"
        Button2.Text = "停止"
        '先將提供燈號圖片的元件隱藏起來
        Pic_LampON.Visible = False
        Pic_LampOFF.Visible = False
        '啓動計時器，程式執行便開始監視
        Timer1.Enabled = True
    End Sub

    Private Sub Button1_Click(ByVal sender As System.Object, ByVal e As System.EventArgs) Handles
Button1.Click
        '強制 PLC 的 M0 爲 ON
        plc.FX2("ON", "DM0")
    End Sub

    Private Sub Button2_Click(ByVal sender As System.Object, ByVal e As System.EventArgs) Handles
Button2.Click
        '強制 PLC 的　M0 爲 OFF
        plc.FX2("OFF", "DM0")
    End Sub

    Private Sub Timer1_Tick(ByVal sender As System.Object, ByVal e As System.EventArgs) Handles
Timer1.Tick
        '取得 Y0～Y7 的狀態，儲存在字串變數 str1
        Dim str1 As String = plc.FX2("R", "GY0", "01")
        '直接根據 Y0 決定顯示燈號 Pic_Lamp 的狀態
        Pic_Lamp.Image = IIf(Mid(str1, 8, 1) = "0", Pic_LampOFF.Image, Pic_LampON.Image)
    End Sub

End Class
```

2. 監控 isPLC

```
Public Class Form1

    '宣告物件，並實體化
    Dim plc As New ClassCGS.ClassCGS_isPLC("com61")
    Private Sub Form1_Load(ByVal sender As System.Object, ByVal e As System.EventArgs) Handles
MyBase.Load
        '開啓通訊埠
        plc.Commu_isPLC.Open()
        Button1.Text = "啓動"
        Button2.Text = "停止"
        '先將提供燈號圖片的元件隱藏起來
        Pic_LampON.Visible = False
        Pic_LampOFF.Visible = False
        '啓動計時器，程式執行便開始監視
        Timer1.Enabled = True
    End Sub


    Private Sub Button1_Click(ByVal sender As System.Object, ByVal e As System.EventArgs) Handles
Button1.Click
        '強制 PLC 的 M0 爲 ON
        plc.isPLC("ON", "DM0")
    End Sub


    Private Sub Button2_Click(ByVal sender As System.Object, ByVal e As System.EventArgs) Handles
Button2.Click
        '強制 PLC 的 M0 爲 OFF
        plc.isPLC("OFF", "DM0")
    End Sub


    Private Sub Timer1_Tick(ByVal sender As System.Object, ByVal e As System.EventArgs) Handles
Timer1.Tick
        '取得 Y0～Y7 的狀態，儲存在字串變數 str1
        Dim str1 As String = plc.isPLC("R", "GY0", "01")
        '直接根據 Y0 決定顯示燈號 Pic_Lamp 的狀態
        Pic_Lamp.Image = IIf(Mid(str1, 8, 1) = "0", Pic_LampOFF.Image, Pic_LampON.Image)
    End Sub
End Class
```

五、執行結果

程式執行畫面如圖 8-8(a)，當按下[啟動]按鈕，即強制 FX PLC(或 isPLC)的 M0 為 ON，使 Y0 燈號開始運作，並讀回顯示在 PC 如圖 8-8(b)。

(a) 程式執行　　　　　　　　　　　(b) 按下[啟動]鈕

圖 8-8　執行畫面

8-3-3　三段式開關圖形監控

一、動作說明

以一個外部開關(X0)與軟體介面開關(M0)控制三盞燈(Y0、Y1、Y2)。第一次開關 ON，亮一盞燈(Y0)；第二次開關 ON，亮兩盞燈(Y0 及 Y1)；第三次開關 ON，亮三盞燈(Y0、Y1 及 Y2)；在一次開關 ON，則重複第一次開關 ON 的動作。圖控畫面提供按鈕和燈號的狀態，每次按按鈕為開和關的切換。

二、階梯圖

三段式開關圖形監控階梯圖如圖 8-9 所示。

```
X0                                                              ( Y0 )
├─┤├─┬──────────────────────────────────────────────────────────
M0  │                                                           ( C0 K2 )
├─┤├─┘                                                          
                                                                ( C1 K3 )
      C0                                                         
      ├─┤├──────────────────────────────────────────────────── ( Y1 )
      C1                                                         
      ├─┤├──────────────────────────────────────────────────── ( Y2 )
X0     C1                                                        
├─┤↓├──┤├────────────────────────┬──────────────────────────── [ RST C0 ]
M0                               │                              
├─┤↓├────────────────────────────┴──────────────────────────── [ RST C1 ]

                                                                [ END ]
```

⬆ 圖 8-9　三段式開關圖形監控階梯圖

三、VB 表單畫面設計

表單設計畫面如圖 8-10 所示。

⬆ 圖 8-10　表單設計畫面

四、VB 程式碼

1.　監控三菱 FX PLC

```
Public Class Form1
    '宣告物件,並實體化
    Dim plc As New ClassYSK.ClassYSK_FX2("com83")
    '宣告物件陣列變數 Lamp_Y() 代表燈泡
    Dim Lamp_Y(3) As PictureBox
    Private Sub isPLC_Load(ByVal sender As System.Object, ByVal e As System.EventArgs) Handles
MyBase.Load
        '指定物件陣列變數的實體
        Lamp_Y = New PictureBox() {PictureBox1, PictureBox2, PictureBox3}
        '開啓通訊埠
        plc.Commu_FX2.Open()
        '隱藏 ON 及 OFF 燈號圖片
        pic_LampON.Visible = False
        pic_LampOFF.Visible = False
        '設定按鈕文字
        Button1.Text = "開"
        '啓動計時器,程式執行便開始監視
        Timer1.Enabled = True
    End Sub

    Private Sub Button1_Click(ByVal sender As System.Object, ByVal e As System.EventArgs) Handles
Button1.Click
        If Button1.Text = "開" Then
            '強制 PLC 的 M0 爲 ON
            plc.FX2("ON", "DM0")
        Else
            '強制 PLC 的 M0 爲 OFF
            plc.FX2("OFF", "DM0")
        End If
        '按鈕文字輪流切換
        Button1.Text = IIf(Button1.Text = "開", "關", "開")
    End Sub

    Private Sub Timer1_Tick(ByVal sender As System.Object, ByVal e As System.EventArgs) Handles
Timer1.Tick
        '取得 Y0～Y7 的狀態,儲存在字串變數 str1
```

```
        Dim str1 As String = plc.FX2("R", "GY0", "01")
        '取出讀到的字串(Y0~Y2)，並依"0"或"1"顯示 OFF 顏色或 ON 顏色
        For i = 0 To 2
            Lamp_Y(i).Image = IIf(Mid(str1, 8 - i, 1) = "0", pic_LampOFF.Image, pic_LampON.Image)
        Next
    End Sub

End Class
```

2. 監控 isPLC

```
Public Class isPLC
    '宣告物件，並實體化
    Dim plc As New ClassCGS.ClassCGS_isPLC("com61")
    '宣告物件陣列變數 Lamp_Y() 代表燈泡
    Dim Lamp_Y(3) As PictureBox
    Private Sub isPLC_Load(ByVal sender As System.Object, ByVal e As System.EventArgs) Handles
MyBase.Load
        '指定物件陣列變數的實體
        Lamp_Y = New PictureBox() {PictureBox1, PictureBox2, PictureBox3}
        '開啓通訊埠
        plc.Commu_isPLC.Open()
        '隱藏 ON 及 OFF 燈號圖片
        pic_LampON.Visible = False
        pic_LampOFF.Visible = False
        '設定按鈕文字
        Button1.Text = "開"
        '啓動計時器，程式執行便開始監視
        Timer1.Enabled = True
    End Sub

    Private Sub Button1_Click(ByVal sender As System.Object, ByVal e As System.EventArgs) Handles
Button1.Click
        If Button1.Text = "開" Then
            '強制 PLC 的 M0 為 ON
            plc.isPLC("ON", "DM0")
        Else
            '強制 PLC 的 M0 為 OFF
            plc.isPLC("OFF", "DM0")
        End If
```

```
        '按鈕文字輪流切換
        Button1.Text = IIf(Button1.Text = "開", "關", "開")
    End Sub


    Private Sub Timer1_Tick(ByVal sender As System.Object, ByVal e As System.EventArgs) Handles
Timer1.Tick
        '取得 Y0～Y7 的狀態，儲存在字串變數 str1
        Dim str1 As String = plc.isPLC("R", "GY0", "01")
        '取出讀到的字串(Y0～Y2)，並依"0"或"1"顯示 OFF 顏色或 ON 顏色
        For i = 0 To 2
            Lamp_Y(i).Image = IIf(Mid(str1, 8 - i, 1) = "0", pic_LampOFF.Image, pic_LampON.Image)
        Next
    End Sub
End Class
```

五、執行結果

程式執行畫面如圖 8-11(a)，當第一次按下[開]按鈕，即強制 FX PLC(或 isPLC)的 M0 為 ON，使 Y0 燈號開始運作，並讀回顯示在 PC 如圖 8-11(b)，此時按鈕顯示 [關]，隨後按下[關]按鈕，燈號熄滅；接著當第二次按下[開]按鈕，顯示 2 個燈泡是亮的，如圖 8-11(c)；當第三次按下[開]按鈕，顯示 3 個燈泡是亮的，如圖 8-11(d)。

(a) 程式執行

(b) 第一次按下[開]按鈕

圖 8-11　三段式開關的圖形監控畫面

(c) 按下[關]後，第二次按下[開]鈕　　　(d) 按下[關]後，第三次按下[開]按鈕

 圖 8-11　三段式開關的圖形監控畫面(續)

8-3-3　雙向紅綠燈圖形監控

一、動作說明

當橫向馬路綠燈時，縱向馬路為紅燈；5 秒後橫向馬路綠燈閃爍 2 秒，改為黃燈 1 秒，縱向馬路紅燈不變；接著橫向馬路保持紅燈 8 秒，縱向馬路先保持綠燈 5 秒在閃爍 2 秒，改為黃燈 1 秒。如此反覆紅綠燈變化。

二、接點規劃

X0(總開關)、Y0(縱向綠燈)、Y1(縱向黃燈)、Y2(縱向紅燈)、Y3(橫向紅燈)、Y4(橫向黃燈)、Y5(橫向綠燈)

三、階梯圖

　　紅綠燈階梯圖除在 X0 並聯一個 M0 接點外,都與前面的範例相同,如圖 8-12 所示。

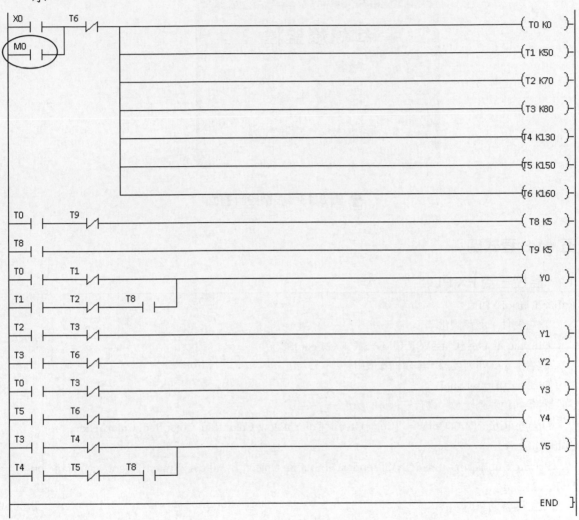

▲圖 8-12　雙向紅綠燈圖形監控階梯圖

四、VB 表單畫面設計

表單設計畫面如圖 8-13 所示。

⬆ 圖 8-13 表單設計畫面

五、VB 程式碼

1. 監控三菱 FX PLC

```
Public Class FXPLC
    '宣告物件，並實體化
    Dim plc As New ClassYSK.ClassYSK_FX2("com83")
    '宣告 Label 陣列變數，顯示紅綠燈用
    Dim led(5) As Label
    '宣告顏色陣列變數，儲存紅綠燈的顏色
    Dim ledColor() As Color = {Color.Green, Color.Yellow, Color.Red, Color.Red, Color.Yellow,
Color.Green}
    Private Sub Form1_Load(ByVal sender As System.Object, ByVal e As System.EventArgs) Handles
MyBase.Load
        '開啟通訊埠
        plc.Commu_FX2.Open()
        '建立 Label 物件實體 led(i)作為紅綠燈顯示用
        For i = 0 To 5
            led(i) = New Label
            With led(i)
                .AutoSize = False      '設為 False，led(i)大小可手動調整
                .Width = 30            '設定 led(i)的寬度
                .Height = 30           '設定 led(i)的高度
                .BorderStyle = BorderStyle.FixedSingle    '設定 led(i)的邊框為單線固定
```

```
                .Left = 150 + 32 * (i Mod 3)              '設定 led(i)的左緣位置
                .Top = 100 + (i \ 3) * 35                 '設定 led(i)的上緣位置
                .BackColor = Color.Black                  '設定 led(i)的背景色爲黑色
            End With
            Me.Controls.Add(led(i)) '將 led(i)物件加入表單
        Next
        Button1.Text = "啓動"
        Button2.Text = "停止"
        Timer1.Enabled = True      '啓動計時器，程式執行便開始監視
    End Sub


    Private Sub Button1_Click(ByVal sender As System.Object, ByVal e As System.EventArgs) Handles
Button1.Click
        '強制 PLC 的 M0 爲 ON
        plc.FX2("ON", "DM0")
    End Sub


    Private Sub Button2_Click(ByVal sender As System.Object, ByVal e As System.EventArgs) Handles
Button2.Click
        '強制 PLC 的　M0 爲 OFF
        plc.FX2("OFF", "DM0")
    End Sub


    Private Sub Timer1_Tick(ByVal sender As System.Object, ByVal e As System.EventArgs) Handles
Timer1.Tick
        '取得 Y0～Y7 的狀態，儲存在字串變數 str1
        Dim str1 As String = plc.FX2("R", "GY0", "01")
        '依序取出讀到的字串(二進位)，並依"0"或"1"顯示黑色或紅綠燈指定顏色
        For i = 0 To 5
            led(i).BackColor = IIf(Mid(str1, 8 - i, 1) = "0", Color.Black, ledColor(5 - i))
        Next
    End Sub
End Class
```

2.　監控 isPLC

```
Public Class isPLC_紅綠燈


    '宣告物件，並實體化
    Dim plc As New ClassCGS.ClassCGS_isPLC("com61")
```

```vbnet
'宣告 Label 陣列變數，顯示紅綠燈用
Dim led(5) As Label
'宣告顏色陣列變數，儲存紅綠燈的顏色
Dim ledColor() As Color = {Color.Green, Color.Yellow, Color.Red, Color.Red, Color.Yellow, Color.Green}
Private Sub Form1_Load(ByVal sender As System.Object, ByVal e As System.EventArgs) Handles MyBase.Load
    '開啓通訊埠
    plc.Commu_isPLC.Open()
    '建立 Label 物件實體 led(i)作爲紅綠燈顯示用
    For i = 0 To 5
        led(i) = New Label
        With led(i)
            .AutoSize = False     '設爲 False，led(i)大小可手動調整
            .Width = 30           '設定 led(i)的寬度
            .Height = 30          '設定 led(i)的高度
            .BorderStyle = BorderStyle.FixedSingle   '設定 led(i)的邊框爲單線固定
            .Left = 150 + 32 * (i Mod 3)             '設定 led(i)的左緣位置
            .Top = 100 + (i \ 3) * 35                '設定 led(i)的上緣位置
            .BackColor = Color.Black                 '設定 led(i)的背景色爲黑色
        End With
        Me.Controls.Add(led(i)) '將 led(i)物件加入表單
    Next
    Button1.Text = "啓動"
    Button2.Text = "停止"
    Timer1.Enabled = True     '啓動計時器，程式執行便開始監視
End Sub


Private Sub Button1_Click(ByVal sender As System.Object, ByVal e As System.EventArgs) Handles Button1.Click
    '強制 PLC 的 M0 爲 ON
    plc.isPLC("ON", "DM0")
End Sub


Private Sub Button2_Click(ByVal sender As System.Object, ByVal e As System.EventArgs) Handles Button2.Click
    '強制 PLC 的 M0 爲 OFF
    plc.isPLC("OFF", "DM0")
End Sub
```

```
Private Sub Timer1_Tick(ByVal sender As System.Object, ByVal e As System.EventArgs) Handles
Timer1.Tick
        '取得 Y0～Y7 的狀態，儲存在字串變數 str1
        Dim str1 As String = plc.isPLC("R", "GY0", "01")
        '依序取出讀到的字串(二進位)，並依"0"或"1"顯示黑色或紅綠燈指定顏色
        For i = 0 To 5
            led(i).BackColor = IIf(Mid(str1, 8 - i, 1) = "0", Color.Black, ledColor(5 - i))
        Next
    End Sub
End Class
```

六、執行結果

程式執行畫面如圖 8-14(a)，當按下[啟動]按鈕，即強制 FX PLC(或 isPLC)的 M0
為 ON，使紅綠燈燈號開始運作，並讀回顯示在 PC 如圖 8-14(b)。

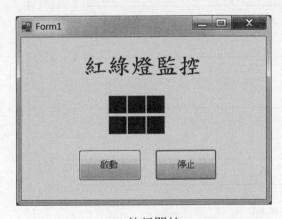
(a) 執行開始

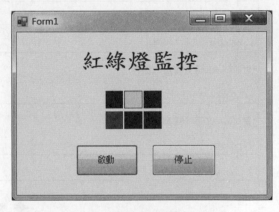
(b) 按下[啟動]按鈕

圖 8-14　執行畫面

◆ 8-3-4　類比值讀取與控制應用圖形監控**

一、動作說明

讀取外部的類比輸入，將對應值(0～1023)儲存到資料暫存器 D0，並藉以控制四
個燈號(Y0、Y1、Y2、Y3)的亮滅。當 D0>=200 時，亮 1 個燈泡；當 D0>=400 時，
亮 2 個燈泡當 D0>=600 時，亮 3 個燈泡；當 D0>=800 時，亮 4 個燈泡。圖控畫
面顯示讀取值及燈泡的狀態，如圖 8-15 所示。

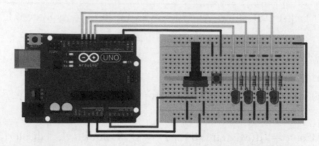

⬆ 圖 8-15　類比值讀取與控制應用配線圖

二、階梯圖

如圖 8-16 所示。

```
*當X0為ON時，讀取A0類比通道值，並存在D0暫存器。
 X0
──┤├──────────────────────────────────────[ AD K0 D0 ]
*當D0>=200時，驅動Y0線圈。
 >= D0 K200
──┤├──────────────────────────────────────────(  Y0  )──
*當D0>=400時，驅動Y1線圈。
 >= D0 K400
──┤├──────────────────────────────────────────(  Y1  )──
*當D0>=600時，驅動Y2線圈。
 >= D0 K600
──┤├──────────────────────────────────────────(  Y2  )──
*當D0>=800時，驅動Y3線圈。
 >= D0 K800
──┤├──────────────────────────────────────────(  Y3  )──
───────────────────────────────────────────[ END ]──
```

⬆ 圖 8-16

三、VB 表單設計畫面

表單設計畫面如圖 8-17 所示。

⬆ 圖 8-17　表單設計畫面

四、VB 程式碼—監控 isPLC

```
Public Class Form1
    '宣告物件，並實體化
    Dim plc As New ClassCGS.ClassCGS_isPLC("com61")
    '宣告物件陣列變數 Lamp_Y() 代表燈泡
    Dim Lamp_Y(3) As Label
    Private Sub Form1_Load(ByVal sender As System.Object, ByVal e As System.EventArgs) Handles
MyBase.Load
        '開啓通訊埠
        plc.Commu_isPLC.Open()
        '指定物件陣列變數的實體
        Lamp_Y = New Label() {Label5, Label6, Label7, Label8}
        '設定 Lamp_Y() 顯示的內容爲 Y0,Y1,Y2,Y3
        For i = 0 To 3
            Lamp_Y(i).Text = "Y" & i
        Next i
        '設定 progressBar1 的最小值與最大值
        ProgressBar1.Minimum = 0
        ProgressBar1.Maximum = 1023
        '啓動計時器，程式執行便開始監視
        Timer1.Enabled = True
    End Sub


    Private Sub Timer1_Tick(ByVal sender As System.Object, ByVal e As System.EventArgs) Handles
Timer1.Tick
        '取得 D0 的值
        Dim D0 As String = plc.isPLC("R", "DV0", "02")
        '將 D0 值以 16 進位值顯示在 Label3 和 ProgressBar1
        Label3.Text = Val("&H" & D0)
        ProgressBar1.Value = Val("&H" & D0)
        '取得 Y0～Y7 的值
        Dim str1 As String = plc.isPLC("R", "GY0", "01")
        '取出讀到的字串(Y0～Y3)，並依"0"或"1"顯示 OFF 顏色或 ON 顏色
        For i = 0 To 3
            Lamp_Y(i).BackColor = IIf(Mid(str1, 8 - i, 1) = "0", Color.Gray, Color.Red)
        Next
```

```
                                              End Sub
End Class
```

五、執行結果

程式執行畫面如圖 8-18(a)，當[X0]為 ON 時，類比通道 A0 讀取外部輸入，並儲存至暫存器 D0，畫面顯示 D0 的即時變化值及燈號 Y0～Y3 的狀態如圖 8-18(b)。

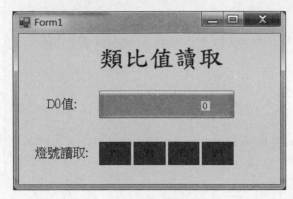
(a) 程式啟動

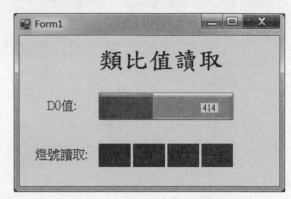
(b) 外部電壓輸入之畫面

圖 8-18　執行畫面

◆ 8-3-5　家庭自動化監控應用圖形監控**

一、動作說明

承 5-12 節的家庭自動化監控應用範例，將家庭自動化監控系統的狀態，呈現在電腦監控端，以完成家庭自動化監控應用圖形監控 isPLC 配線圖。

二、階梯圖

修改 5-10 節階梯圖，其中開啟 LED 燈的亮度<=D0 K200、>D0 K200 值與啟動風扇的溫度>=D4 K30 可由監控端設定，將 K200 修改為 D8、K30 修改為 D9 如圖 8-19。

* 當磁簧開關觸發時，Y1輸出PWM訊號驅動蜂鳴器。

```
X0                                                            [PWM K1024 K1024 K0]
─┤ ├─
```

* 從A0讀取光敏電阻分電值，並將轉換後的類比值存在 D0暫存器。

```
M0                                                                   [ AD K0 D0 ]
─┤ ├─
```

* 判斷光敏電阻偵測亮度對應的D0值，當D0<=200時開啟LED

```
<= D0 D8                                                              (   M1   )
─┤ ├─
```

* 判斷光敏電阻偵測亮度對應的D0值，當D0>200時關閉LED

```
> D0 D8                                                               (   M2   )
─┤ ├─
```

*LED 開啟/關閉 判斷條件

```
M1         M2                                                         (   Y2   )
─┤ ├──────┤/├─
```

* 從A1讀取LM35輸出的電壓值，並將轉換後的類比值存在D1資料暫存器，經公式算得攝式溫度值(儲存在D6)。

* 公式：攝氏溫度=A1*100*5/1024

```
M0                                                                  [ AD K1 D1 ]
─┤ ├──┬──────────────────────────────────────────────────────────[ MUL D1 K500 D4 ]
      │
      └───────────────────────────────────────────────────────────[ DIV D4 K1024 D6 ]
```

* 如溫度大於等於30度，風扇開啟；溫度小於於30度，風扇關閉。

```
>= D6 D9                                                              (   Y3   )
─┤ ├─

                                                                     [   END   ]
```

⬆ 圖 8-19　家庭自動化監控應用圖形監控階梯圖

三、VB 表單設計畫面

表單設計畫面如圖 8-20 所示。

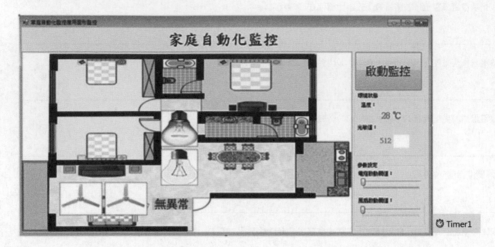

⬆ 圖 8-20　表單設計畫面

四、VB 程式碼—監控 isPLC

```
Public Class Form1
    '宣告物件，並實體化
    Dim plc As New ClassCGS.ClassCGS_isPLC("COM30")
    '宣告風扇啓動閥值
    Dim Fan_val As Integer = 0
    '宣告電燈啓動閥值
    Dim LMP_val As Integer = 0
    Private Sub Form1_Load(sender As Object, e As EventArgs) Handles MyBase.Load
        '開啓通訊埠
        plc.Commu_isPLC.Open()
    End Sub

    Private Sub Button1_Click(sender As Object, e As EventArgs) Handles Button1.Click
        '切換啓動監控與關閉監控
        Button1.Text = IIf(Button1.Text = "啓動監控", "關閉監控", "啓動監控")
        '啓／停計時器，程式執行開始監視或關閉監視
        Timer1.Enabled = Not Timer1.Enabled
    End Sub
```

```vb
Private Sub Timer1_Tick(sender As Object, e As EventArgs) Handles Timer1.Tick
    Try
        '讀取溫度值
        Label5.Text = Val("&H" + plc.isPLC("R", "DV6", "02")) & " ℃"
        '讀取光敏閥值
        Label6.Text = Val("&H" + plc.isPLC("R", "DV0", "02")) & " 閥值"
        '讀取磁簧開關狀態(大門開／關狀況)，並顯示以及警示顏色
        Label7.Text = IIf(plc.isPLC("R", "GX0", "01") = "00000001","異常","無異常")
        Label7.BackColor = IIf(Label7.Text = "無異常",Color.FromArgb(128, 255, 128), Color.Red)
        '讀取電燈開／關狀況以及風扇開／關狀況，並顯示
        PictureBox4.Visible = IIf(Mid(plc.isPLC("R", "GY0", "01"), 6, 1) = "1", True, False)
        PictureBox6.Visible = IIf(Mid(plc.isPLC("R", "GY0", "01"), 5, 1) = "1", True, False)
        '讀取電燈啓動閥值
        LMP_val = Val("&H" + plc.isPLC("R", "DV8", "02"))
        '寫入電燈啓動閥值
        If (LMP_val <> TrackBar1.Value) Then plc.isPLC("W", "DV8", "02", StrDup(4 -
Hex(TrackBar1.Value).Length, "0") & Hex(TrackBar1.Value))
        '讀取風扇啓動閥值
        Fan_val = Val("&H" + plc.isPLC("R", "DV9", "02"))
        '寫入風扇啓動閥值
        If (LMP_val <> TrackBar2.Value) Then plc.isPLC("W", "DV9", "02", StrDup(4 -
Hex(TrackBar2.Value).Length, "0") & Hex(TrackBar2.Value))
    Catch ex As Exception
        '發生通訊錯誤關閉監控並顯示錯誤訊息
        Timer1.Enabled = False
        MsgBox(ex.Message)
        Exit Sub
    End Try
End Sub


Private Sub TrackBar1_Scroll(sender As Object, e As EventArgs) Handles TrackBar1.Scroll
    '調整電燈啓動閥值
    Label3.Text = "電燈啓動閥值：" & " " & TrackBar1.Value
End Sub


Private Sub TrackBar2_Scroll(sender As Object, e As EventArgs) Handles TrackBar2.Scroll
    '調整風扇啓動閥值
    Label4.Text = "風扇啓動閥值：" & " " & TrackBar2.Value
End Sub
```

五、執行結果

程式執行畫面如圖 8-21，按下[啟動監控]按鈕執行監控程序，程式會將 isPLC 取得之溫度值、光敏值、電燈、風扇和大門狀態讀回，並顯示在監控視窗，其中透過調整電燈與風扇啟動閥值，可變更 isPLC 的 D8 與 D9 暫存器，當光敏閥值 D8 >=目前光敏值時，則啟動電燈；當溫度閥值 D9 <=目前溫度時，則啟動風扇。

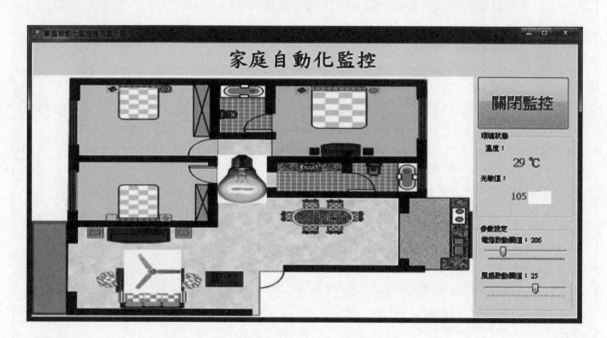

↑圖 8-21　執行畫面

附錄 A：VB.NET 的常用函式

一、Microsoft.VisualBasic 命名空間中的函數

表 A-1　字串處理函數(Microsoft.VisualBasic.Strings　模組)

函數	說明
Asc	傳回字串中第一個字母的字元碼(Integer)
Chr	傳回指定的字元碼的字元
Format	傳回一個以格式運算式來作為格式的字串
InStr	傳回在某字串中一字串的最先出現位置(Long)
Join	將陣列中的內容依序連結成為一字串
LCase	將一字串轉成小寫
Left	取出字串左算起特定數量字元所構成的字串
Len	傳回字串內字元的數目(Long)
LTrim	去除字串左邊空白的部分
Mid	自一字串取出特定數量字元所構成的字串
Replace	傳回一個字串，內容為將字串引數中的子字串置換為一新的子字串
Right	取出字串右算起特定數量字元所構成的字串

⬇表 A-1   字串處理函數(Microsoft.VisualBasic.Strings 模組)(續)

函數	說明
Rtrim	去除字串右邊空白的部分
Space	傳回特定數目空格的字串
Split	傳回一個一維陣陣列,內容為字串引數的子字串
StrComp	傳回字串比對的結果(Integer)
StrReverse	傳回一個字串,內容為一個指定子字串的字元順序是反向的
Trim	去除字串左右邊空白的部分
UCase	將一字串轉成大寫

⬇表 A-2   數學函數(Microsoft.VisualBasic.VbMath 模組)

名稱	說明
Randomize	初始化亂數產生器
Rnd	傳回 Single 型別的亂數

⬇表 A-3   轉換函數(Microsoft.VisualBasic.Conversion 模組)

名稱	說明
Fix	多載。 傳回數字的整數部分
Hex	多載。 傳回代表數字十六進位值的字串
Int	多載。 傳回數字的整數部分
Oct	多載。 傳回代表數值的八進位值的字串
Str	傳回數字的 String 表示
Val	多載。 傳回字串所包含的數字,做為適當型別的數值

表 A-4　日期時間函數(Microsoft.VisualBasic.DateAndTime 模組)

名稱	說明
DateAdd	傳回自某個基準日期加上或減去數個時間間隔單位後的日期(Date)
DateDiff	傳回兩個日期間相差的時間間隔單位數目(Long)
DatePart	傳回指定的 Date 值的指定元件。(Integer)
DateSerial	傳回 Date 值，表示指定之年、月和日，且時間資訊設定為午夜 (00:00:00)。
DateValue	傳回 Date 值，包含由字串表示的日期資訊，且其時間資訊設定為午夜 (00:00:00)
Day	傳回一個月中的某日(Integer)
Hour	傳回一天之中的某時(Integer)
Minute	傳回一小時中的某分(Integer)
Month	傳回一年中的某月(Integer)
MonthName	傳回 String 值，包含指定之月份。
Second	傳回一分鐘之中的某秒(Integer)
TimeSerial	傳回 Date 值，表示指定之時、分和秒，且日期資訊設定為相對於西元 1 年的一月 1 日
TimeValue	傳回 Date 值，包含由字串表示的時間資訊，且其日期資訊設定為西元 1 年的一月 1 日
Weekday	傳回某個日期是星期幾(Integer)
WeekdayName	傳回 String 值，包含指定之週間日的名稱
Year	傳回某個年份(Integer)

表 A-5　訊息函數(Microsoft.VisualBasic.Information 模組)

名稱	說明
IsArray	傳回 Boolean 值，指出變數是否指向陣列
IsDate	傳回 Boolean 值，指出運算式是否表示有效的 Date 值
IsError	傳回 Boolean 值，指出運算式是否為例外狀況型別
IsNothing	傳回 Boolean 值，指出是否沒有將任何物件指派給運算式
IsNumeric	傳回 Boolean 值，指出運算式是否可以評估為數字
IsReference	傳回 Boolean 值，指出變數是否為參考型別
LBound	傳回所指示的陣列維度之可用的最低註標 (Subscript)
QBColor	傳回 Integer 值，表示對應到指定之色彩編號的 RGB 色彩代碼
RGB	傳回 Integer 值，表示一組紅色、綠色和藍色元件中的 RGB 色彩值
TypeName	傳回 String 值，其中包含與變數有關的資料型別資訊
UBound	傳回所指示的陣列維度之可用的最高註標

表 A-6　互動函數(Microsoft.VisualBasic.Interaction 模組)

名稱	說明
Choose	從引數清單中選取及傳回值
IIf	根據運算式的評估結果，傳回兩個物件當中的其中一個
InputBox	在對話方塊中顯示提示、等候使用者輸入文字或按一下按鈕，然後傳回包含文字方塊內容的字串
MsgBox	在對話方塊中顯示訊息、等候使用者按一下按鈕，然後傳回表示使用者按下的按鈕之整數
Shell	執行可執行程式，並在它仍在執行中時傳回一個整數 (整數中包含此程式的處理序 ID)
Switch	評估運算式的清單，並傳回對應到此清單中第一個 True 的運算式之 Object 值

二、System 命名空間中的常用函數

在 System 命名空間有許多一般撰寫程式常用到的函數，底下針對 Math 類別與 Random 類別加以介紹，如表 A-7 所示。

1. Math 類別－數學函式

⬇ 表 A-7　常用 Math 類別之函數

名稱	說明
Abs	傳回指定數字的絕對值
Acos	傳回餘弦函數 (Cosine) 是指定數字的角(弳度)
Asin	傳回正弦函數 (Sine) 是指定數字的角(弳度)
Atan	傳回正切函數 (Tangent) 是指定數字的角(弳度)
Cos	傳回指定角(弳度)的餘弦函數
Exp	傳回具有指定乘冪數的 e
Floor	傳回小於或等於指定十進位數字的最大整數
Log	傳回指定數字的對數
Log10	傳回指定數字的底數 10 對數
Max	傳回兩個指定數字中較大的一個
Min	傳回兩個數字中較小的一個
Pow	傳回具有指定乘冪數的指定數字
Round	將值捨入至最接近的整數或是指定的小數位數數字
Sign	傳回數值，指示數字的正負號
Sin	傳回指定角(弳度)的正弦函數
Sqrt	傳回指定數字的平方根
Tan	傳回指定角(弳度)的正切函數
Truncate	計算數字的整數部分

2.　Random 類別—亂數函式

Random 類別表示虛擬亂數產生器，作為產生隨機數字序列的裝置。Random 類別的方法如表 A-8。

表 A-8　Random 類別的方法

名稱	說明
Next	傳回非負值的亂數
Next(Int32)	傳回小於指定最大值的非負值亂數
Next(Int32, Int32)	傳回指定範圍內的亂數(不含最大值)
NextBytes	以亂數填入指定位元組陣列的元素
NextDouble	傳回 0.0 和 1.0 之間的亂數

附錄 B：三菱 GX Developer 操作簡介

早期三菱 FX 系列 PLC 都是以程式書寫器(HPP)來編輯程式，程式書寫器在使用上並不是那麼方便，特別是程式行數多時修改不易，且只支援 IL 語法。目前三菱開發軟體 GX Developer 做為 PLC 程式設計的編輯器，以下簡單介紹 GX Developer 的操作。

一、進入 PLC 程式設計編輯環境

執行 GX Developer，出現如圖 B-1 畫面。

(a)產品宣告畫面

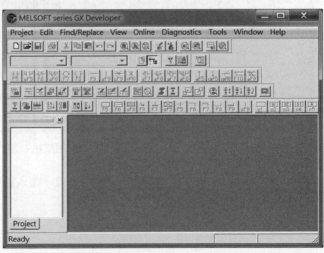
(b)進入 GX Developer

圖 B-1　執行 GX Developer

二、開啓檔案，選定 PLC 類型，並進入 PLC 的編輯模式

　　如圖 B-2(a)選擇[Project/New project]開啓新檔案，必須設定 PLC 的類型(如圖 B-2(b))，按下[OK]鈕，即進入編輯模式(Edit Mode)，如圖 B-2(c)所示。

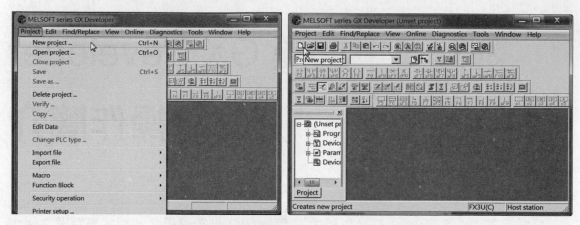

(a)選擇[Project/New project]或點選工具列的[New Project]

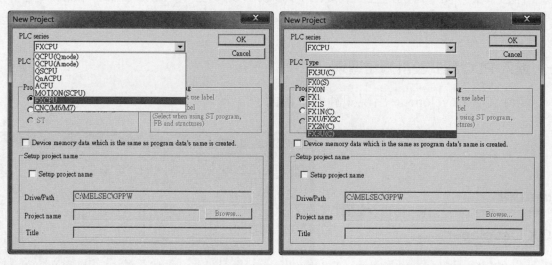

(b) 選擇 PLC 類型

⬆圖 B-2　進入編輯模式

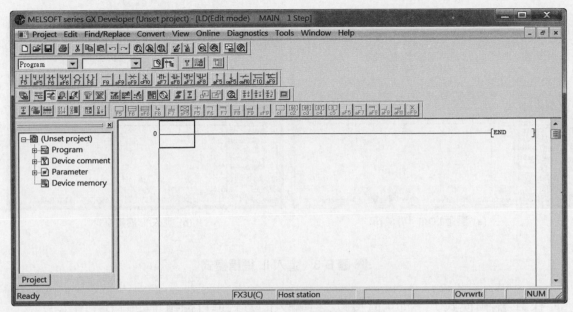

(c) 進入 PLC 編輯模式

⬆ 圖 B-2　進入編輯模式(續)

三、開始編輯

　　PLC 程式有不同的語法，不同的語法對應不同的編輯方式。以 FX 系列 PLC 來說，主要的編輯方式可分為以下三種：

1. IL 指令清單輸入。
2. LD 階梯圖繪製。
3. SFC 順序功能流程圖。

底下將簡要的介紹 IL、LD 與 SFC 語法的設計操作流程。

1. IL 指令清單輸入

　　點選工具列上的圖式，可進行 LD 和 IL 語法的互轉。如圖 B-3(b)為 IL 的編輯模式畫面。

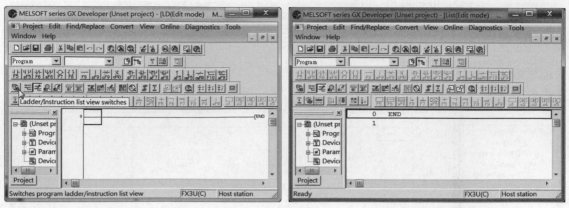

(a) 點選 LD/IL 切換圖示　　　　　　　　　　(b) 進入 IL 編輯模式

⬆圖 B-3　進入 IL 編輯模式

在 IL 編輯模式下，即可直接以文字輸入的方式進行編輯，如圖 B-4 所示。

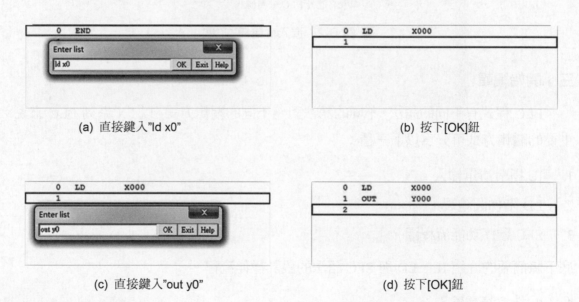

(a) 直接鍵入"ld x0"　　　　　　　　　　　　(b) 按下[OK]鈕

(c) 直接鍵入"out y0"　　　　　　　　　　　(d) 按下[OK]鈕

⬆圖 B-4　　IL 語法設計

2. LD 階梯圖繪製

在 LD 編輯模式下，有多種做法可以進行階梯圖的編輯設計。如圖 B-5(a)直接鍵入 IL 指令"ld x0"，或利用工具列的圖示(亦可按下 F5 功能鍵)，出現輸入視窗如圖 B-5(b)，接著鍵入"x0"，並按下[Enter]鍵或[OK]鈕，即出現完成的階梯圖部分如圖 B-5(c)。

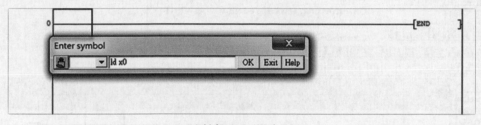

(a)直接輸入 IL 語法

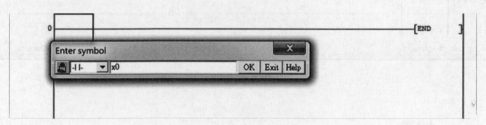

(b) 點選 圖示或按下 F5 功能鍵

(c) 完成 LD X0 的階梯圖

⬆圖 B-5 LD 語法設計

只要有程式修改的記錄，編輯視窗的程式碼就會變成灰色網底如圖 B-6(a)，且程式無法上傳；此時須經過功能表的[Convert/Convert](或按 F4 功能鍵)操作進行轉換，轉換成功的畫面如圖 B-6(b)。

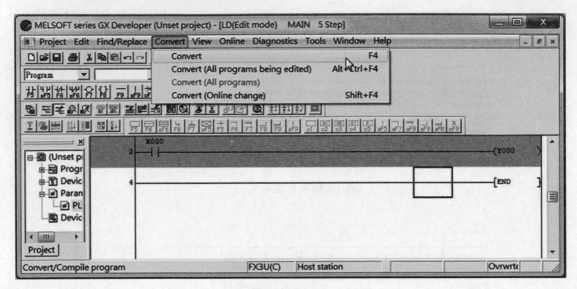

(a) 程式轉換

(b)完成程式轉換程序

🔼 圖 B-6　編輯修改後的程式轉換

3. SFC 的繪製

要以 SFC 語法設計 PLC 程式，必須在開啟新專案時，選擇[Program type]為 SFC，如圖 B-7 所示。

⬆圖 B-7　新專案中選擇 SFC 語法

按下[OK]鈕後，進入區塊清單設定畫面，如圖 B-8 所示。

⬆圖 B-8　SFC 設計語法的方塊清單

在區塊清單中設定的方塊樣式有兩種 Type 選項： SFC block 和 Ladder block。以滑鼠雙擊所要新增的區塊清單，即會出現[方塊訊息設定]視窗，如圖 B-9 所示。

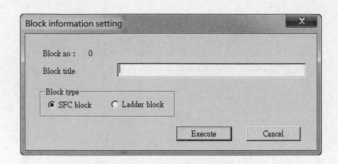

圖 B-9　方塊樣式設定視窗

一般在設計 SFC 時，會先登記一個 LD 方塊，以規劃 SFC 的啟動條件，再登記一個 SFC 方塊，以規劃後續的流程動作，如圖 B-10 所示。

No	Block title	Block type
0	LD	Ladder block
1	SFC	SFC block
2		
3		
4		
5		
6		
7		
8		
9		
10		

圖 B-10　方塊清單內容

接下來以滑鼠雙擊 LD 方塊，即進入啟動條件的編輯畫面，如圖 B-11 所示。

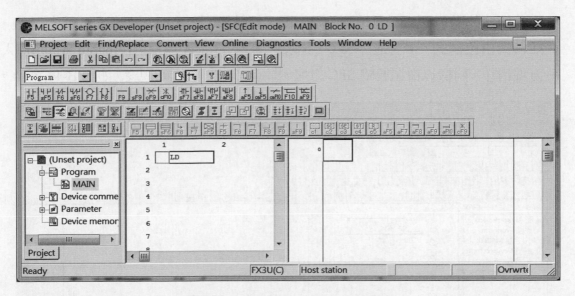

⬆ 圖 B-11　LD 方塊內容設計畫面

圖 B-12 為常見的啓動條件，其編輯方式為直接在右邊編輯視窗繪製階梯圖。

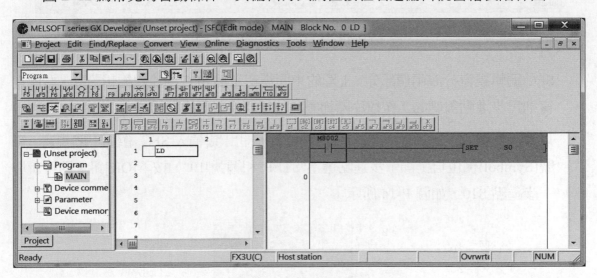

⬆ 圖 B-12　在 LD 方塊設計啓動條件

灰色網底的階梯圖表示所繪製的階梯圖未經轉換，按下 F4 功能鍵即可進行轉換，並轉為白色網底。接著進行 SFC 的繪製。點擊[Project]視窗的[Program/Main]進入方塊清單，同樣以滑鼠雙擊 SFC 方塊，即進入 SFC 的編輯視窗，如圖 B-13 所示。

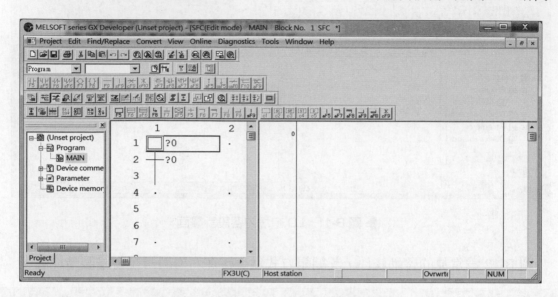

↑ 圖 B-13　SFC 方塊內容設計畫面

SFC 編輯視窗分成兩個部分，上圖的中間視窗做為 SFC 的流程編輯設計，右側視窗則為步進點對應的工作程序階梯圖和移行條件對應的階梯圖。

以滑鼠雙擊 SFC 編輯設計視窗步進點位置，即出現[輸入 SFC 繪製符號]視窗，符號(Symbol)欄位自動顯示步進點選項"STEP"和編號"10"，按下[OK]鈕，即可新增一步進點 S10，如圖 B-14 所示。

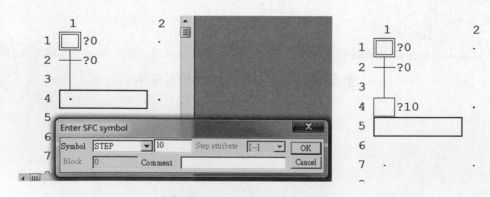

↑ 圖 B-14　新增步進點畫面

雙擊步進點下方位置，再出現[輸入 SFC 繪製符號]視窗，符號(Symbol)欄位自動顯示"TR"選項，按下[OK]鈕可新增一個移行條件，如圖 B-15 所示。

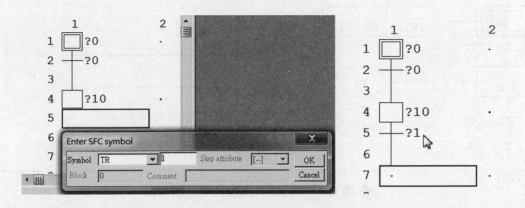

圖 B-15　新增移行條件畫面

接下來進行步進點下的動作流程編輯。以編輯狀態 S10 的動作流程為例，將滑鼠點擊 S10 後，出現階梯圖編輯視窗，便可設計 S10 的動作程式，如圖 B-16 所示。

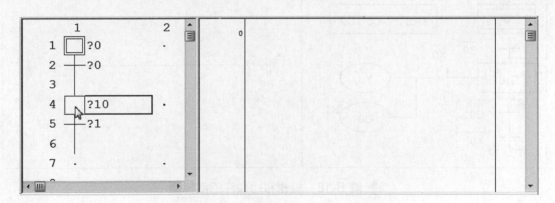

圖 B-16　步進點 S10 的 LD 編輯視窗

圖 B-17 為步進點 S10 的工作階梯圖設計參考範例。

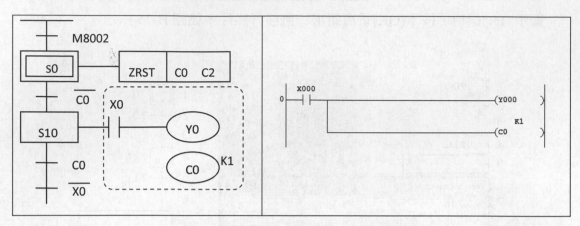

圖 B-17　編輯步進點 S10 的階梯圖

至於移行條件的設計方式則如圖 B-18 說明，其中階梯圖上的移行條件以"TRAN"
表示。

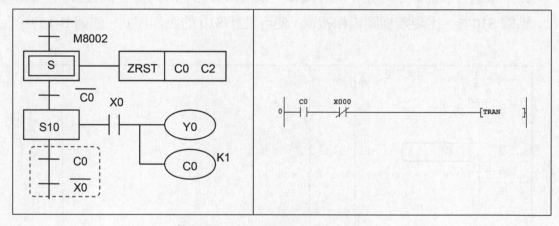

圖 B-18　編輯移行條件的階梯圖

接下來說明分歧 SFC 的繪製。要繪製分歧，可在移行條件位置雙擊滑鼠，出現 SFC 的繪製符號輸入視窗，下拉選單中包括：TR(移行符號)、--D(選擇式分歧符號)、==D(並進式分歧符號)"、--C(選擇式分歧之合流符號)、==C(並進式分歧之合流符號)、|(SFC 信號流)等，如圖 B-19 所示。

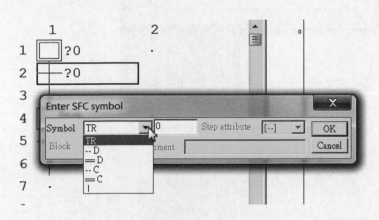

△ 圖 B-19　繪製 SFC 的符號

如圖 B-20 為選擇式分歧與合流進行 SFC 的繪製。

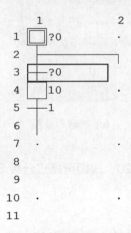

(a) 繪製選擇式分歧線

△ 圖 B-20　繪製選擇式分歧 SFC

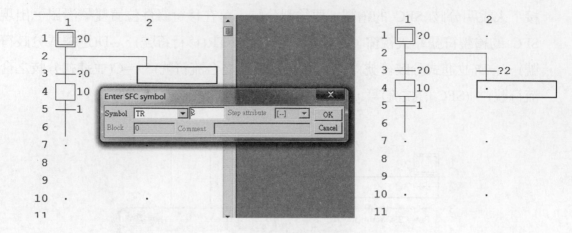

(b) 新增移行條件

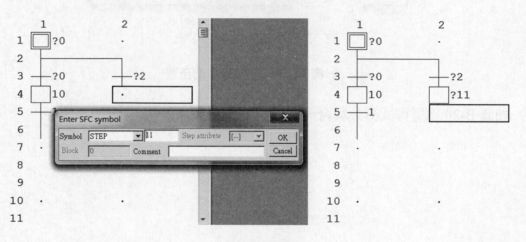

(c) 新增步進點

⬆ 圖 B-20　繪製選擇式分歧 SFC(續)

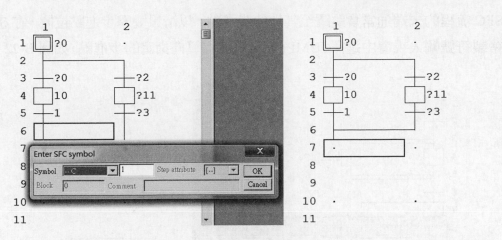

(d) 選擇式分歧之合流

⬆圖 B-20　繪製選擇式分歧 SFC(續)

並進式分歧的設計方式和選擇式分歧類似，差別在於移行條件的位置不相同，圖 B-21 為並進式分歧與合流的完成參考圖，如圖 B-21 所示。

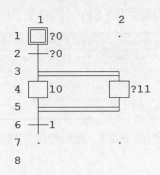

⬆圖 B-21　並進式分歧 SFC

SFC 流程的末端通常會跳躍至其他的步進點，以滑鼠雙擊步進點位置，在 SFC 的繪製符號輸入視窗中選擇 JUMP，即可將流程導向指定的步進點，如圖 B-22 所示。

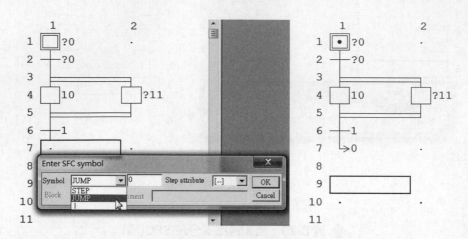

⬆ 圖 B-22　跳躍設定

完成設計後，記得進行程式的轉換操作，在功能表中點選[Convert/Convert block(all block)]，當完成轉換，才能順利將 SFC 下載至 PLC 中，如圖 B-23 所示。

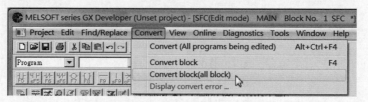

⬆ 圖 B-23　圖形設計之轉換

四、設定通訊連接埠

通訊埠的設定可以在開啓新專案後即進行設定，或在程式設計完成進行設定。總之要進行 PC 與 PLC 間的資料交握，如上傳、下載及監控等，均須先完成通訊埠的設定。如圖 B-24(a)選擇[Online/Transfer setup]，即進入[Transfer setup(傳送設定)]畫面，如圖 B-24(b)接著雙擊[Serial]圖示，隨即顯示通訊埠設定視窗。

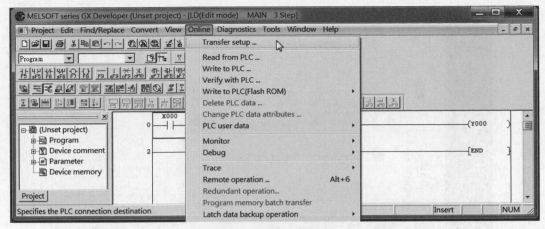

(a)　選擇[Online/Transfer setup]

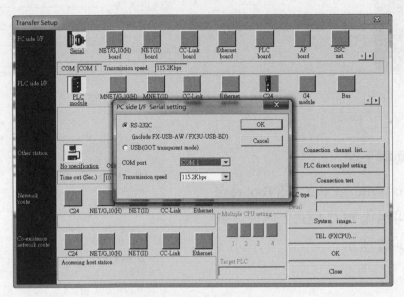

(b)　在[傳送設定]畫面進行通訊埠設定

⬆️ 圖 B-24　通訊埠設定

　　由圖 B-24 可以看到通訊埠的設定有兩種選擇，第一種是 PLC 經由 RS-232BD 擴充模組與 PC 連線。通訊埠可透過 Windows 作業系統的[裝置管理員]找到對應的通訊埠編號。第二種是當 PLC 已連接三菱的人機介面時，可點選 USB(GOT transparent mode)，經由人機介面與 PC 進行連線，完成後按下[OK]按鈕。圖 B-25 畫面顯示使用第一種通訊連線方式，且通訊埠為 COM 55。此時可按下[Connection Test]按鈕，以確認是否通訊連線成功。

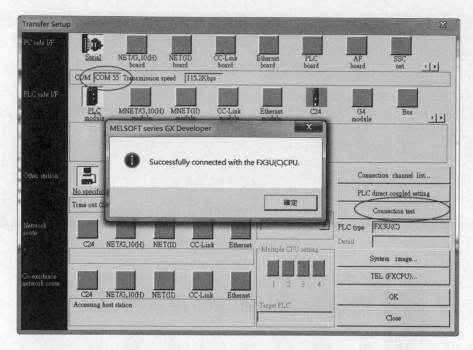

⬆圖 B-25　PC 與 PLC 連線成功畫面

五、程式上傳與下載

選擇[Tool/Write to PLC]或[Tool/read from PLC]，可進入 PLC 程式上傳或下載畫面，如圖 B-26 所示。

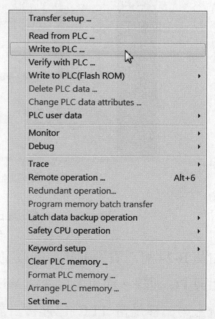

⬆圖 B-26　PLC 程式上傳[Write to PLC]與下載[Read from PLC]選單

　　圖 B-26 爲選擇 PLC 程式上傳功能[Online/Write to PLC]的畫面，在頁籤[File selection]中勾選[Program/MAIN]選項，表示只上傳程式部分，緊接著按下[excute(執行)]按鈕及會執行 PLC 程式上傳操作，如圖 B-27 所示。

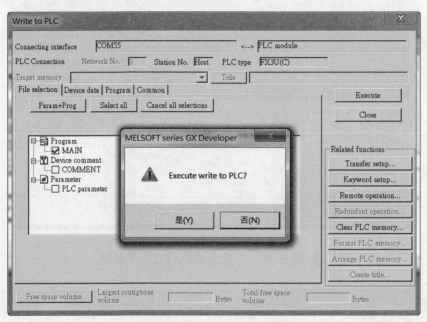

🔼圖 B-27　程式上傳設定

　　圖 B-27 顯示的上傳程式功能其實是上傳指定的步序數量(可設定爲 2000、4000、8000……)，對於較舊款的 FX PLC 而言，上傳大量的步序會有執行速度緩慢的現象，此時亦可直接設定上傳的步序範圍，如圖 B-28 選擇頁籤[Program]，並從[Range type]欄位中選擇"Step range"，即可在[Start]和[End]欄位下方設定步序範圍值，接著同樣的按下[Execute]按鈕進行 PLC 程式的上傳。程式上傳過程如圖 B-29。

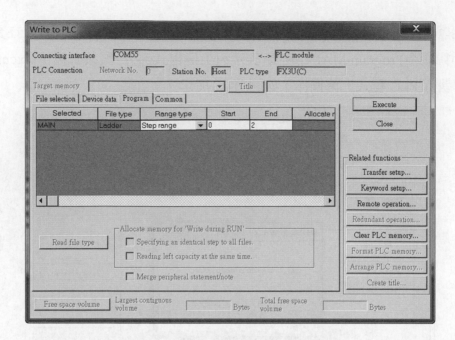

🔺圖 B-28　設定上傳的程式步序範圍

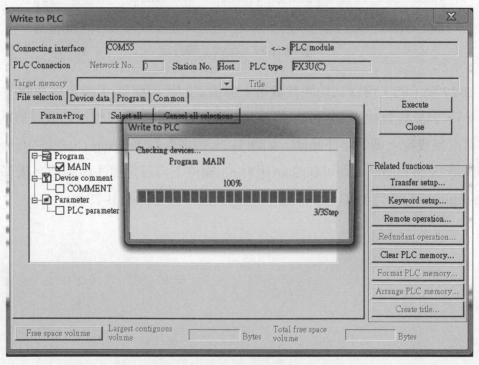

(a)上傳進度

🔺圖 B-29　程式上傳過程

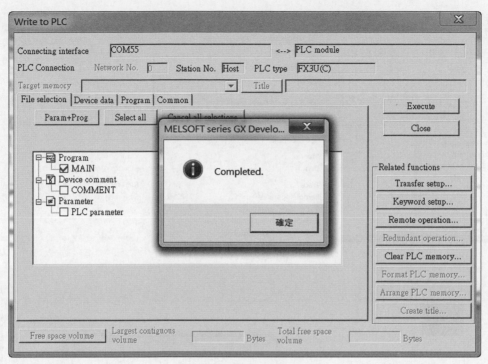

(b) 完成上傳

圖 B-29　程式上傳過程(續)

六、接點監視

　　完成程式的上傳後，可選擇[Online/Monitor/Monitor mode]進入監視模式(如圖 B-30(a))。以前面說明編輯模式輸入的程式為例，進入監視模式後的接點變化狀態會以色塊來呈現。圖 B-30(b)表示 X0 接點為 OFF，所以 Y0 接點狀態也為 OFF；圖 B-30(c)表示當 X0 接點為 ON 時，Y0 的接點狀態也為 ON。

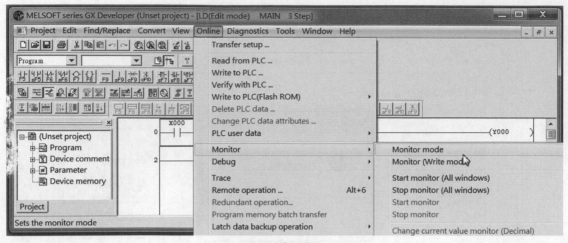

(a) 進入監視模式

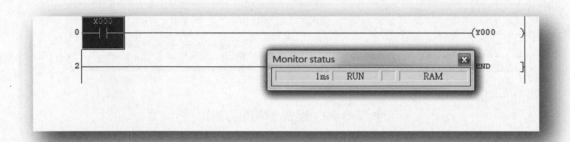

(b) X0 接點為 OFF，Y0 也為 OFF

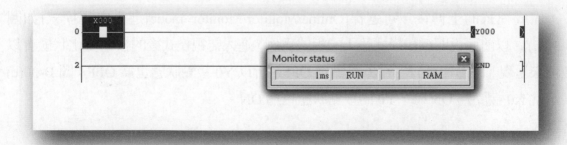

(c) X0 接點為 ON，Y0 也為 ON

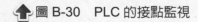 圖 B-30　PLC 的接點監視

七、檔案儲存

　　程式設計完成後，可直接點選功能表的[Project/Save]或[Project/Save as]進行程式的儲存操作。圖 B-31 顯示檔案儲存畫面，儲存前可選擇適當的檔案路徑，並輸入專案名稱(Project name)，輸入完成後按下[Save]按鈕，系統會在指定檔案路徑建立一個使用者輸入的專案名稱資料夾，此時即完成檔案儲存操作。

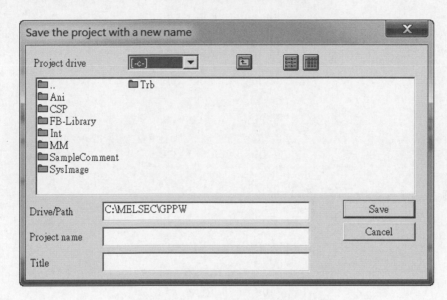

⬆圖 B-31　　PLC 的檔案儲存視窗

附錄 C：創易 isPLC Editor
操作簡介

  isPLC Editor 是創易自動化科技針對 isPLC 系列產品所開發的 PLC 程式編輯環境，它提供了 IEC 61131-3 標準中的 IL 和 LD 兩種 PLC 程式語法編輯方式，並整合檔案管理、程式上傳/下載、線上監控與 isPLC kernel 韌體更新等功能。目前 isPLC Editor 支援 isPLC Duino 的 PLC 程式開發，且經測試，isPLC Editor 可在 Windows XP、Windows 7、Windows 8 及 Windows 8.1 等作業系統上順利執行。

  基於使用的便利性與設備的普及性，本書基本指令範例幾乎都可直接使用 isPLC 進行 PLC 的學習，且除了少數包含 isPLC 專用指令的程式之外，所有階梯圖都可移植到三菱 PLC；此外，isPLC Editor 上的操作方式，也幾乎與 GX Developer 相同，使用者不需擔心未來平台轉移重新學習的問題。

  要對 isPLC 進行順序動作設計，必須使用順序控制編輯器 isPLC Editor 進行 PLC 程式規劃。透過 isPLC Editor，使用者可以自行規劃與編輯順序動作流程。設計完成後，可透過通訊連線傳送 PLC 程式及進行 isPLC 控制器的作動監控。

C-1 isPLC Editor 軟體安裝

isPLC Editor 的安裝步驟如下：

Step 1》

開啟隨書光碟的 isPLC Editor 資料夾，並選擇【setup.exe】開始安裝。

▲ 圖 C-1　isPLC Editor 的安裝資料夾

Step 2》

選擇【安裝】，稍等片刻即可完成安裝程序。

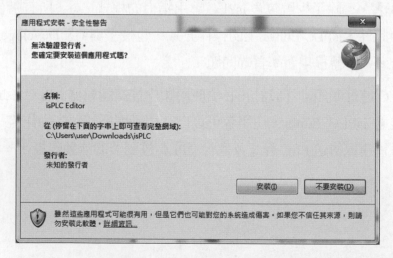

▲ 圖 C-2　isPLC Editor 安裝訊息

Step3》

安裝完成後系統會自動將程式開啟，起始頁面會顯示 isPLC Editor 的版本與更新訊息，如圖 C-3。接著進入編輯視窗，如圖 C-4。

⬆圖 C-3　產品宣告畫面

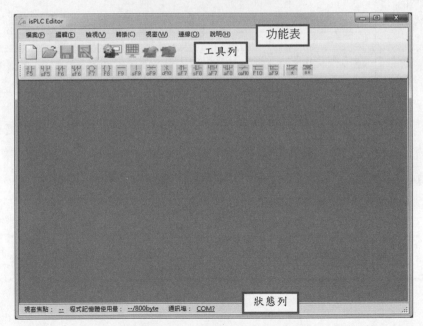

⬆圖 C-4　isPLC Editor 畫面

C-2　isPLC Editpr 的基本操作

表 C-1 列出 isPLC Editor 在進行編輯時支援的工具與說明。

表 C-1　isPLC Editor 的編輯功能

標題		內容
功能表	檔案	新檔、開檔、儲存動作、匯出階梯圖、報告產生器
	編輯	復原、剪下、複製、貼上以及階梯圖編輯操作
	檢視	開關工具列、狀態列之欄位
	轉換	IL 與 LD 程式語法的轉換
	視窗	開新視窗與視窗排列之操作
	連線	傳輸設定、寫入/讀取程式、狀態監控與顯示終端機之操作
	說明	關於本軟體介紹以及韌體更新
工具列	操作快捷圖示	![操作快捷圖示]
	階梯圖編輯圖示	![階梯圖編輯圖示]
狀態列	顯示編輯詳細資料	顯示視窗焦點、程式記憶體使用量、選擇之通訊埠

其中操作快捷圖示使用便捷，它的功能從左至右依序為開新檔案、開啟舊檔、儲存檔案、另存新檔、連線設定、開啟監控視窗、寫入程式至 isPLC、從 isPLC 讀取程式等。使用 isPLC Editor 編輯系統進行 isPLC 的設計，其操作流程如下圖：

圖 C-5　編輯系統操作流程圖

各操作簡單說明如下：

一、開啓新檔

isPLC Editor 可從此三處開啓新檔案：

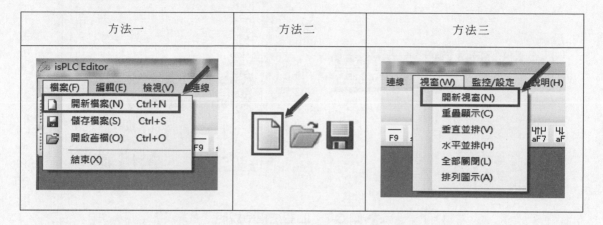

方法一	方法二	方法三

如圖 C-6 開啓檔案後可見本系統支援兩種不同的開發環境與方法：IL 語法和 LD 語法。

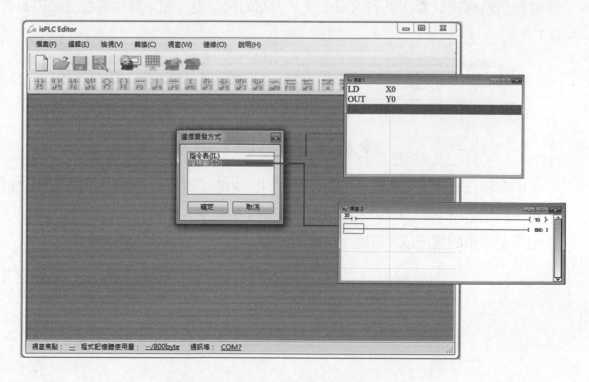

☝ 圖 C-6　isPLC Editor 支援的語法

1. 文字語言(IL)

本系統提供可用指令說明，包含可用指令與說明

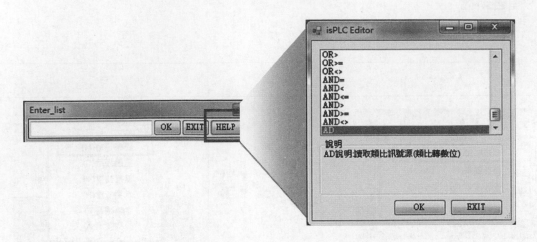

⬆圖 C-7　IL 語法指令說明

2. 階梯圖(LD)

可利用階梯圖元件工具列的圖示或其對應的快捷鍵，加入階梯圖程式碼，如圖 C-8。

⬆圖 C-8　階梯圖元件工具列

其中階梯圖元件工具列圖示下皆有對應的快捷鍵，其中 s 代表[Shift]鍵，c 代表[Ctrl]鍵，a 代表[Alt]鍵。此外，進行 LD 編輯時，如需加入行與列，或者刪除行與列，可用選單中的選項或其對應之快捷鍵，如：

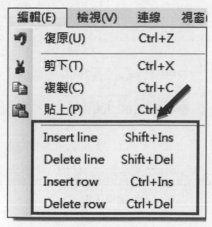

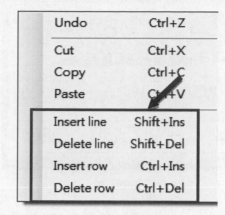

(a) 選單選項　　　　　　　　　　　　(b) 右鍵選項

⬆圖 C-9　LD 語法設計的操作功能

至於快捷鍵部分有：插入行(Shift+Insert)、刪除行(Shift+Delete)、插入列(Ctrl+Insert)、刪除列(Ctrl+Delete)。

二、設定連線方式

PLC 程式編輯完成後，須設定 isPLC 與 PC 的連線方式。從功能表中選擇[連線/傳輸設定]進入[傳輸設定]視窗，並按下鈕重新整理可以使用之通訊埠。接著選擇通訊埠編號進行連線。若連線成功，則會顯示 isPLC 韌體版本；若連線失敗，則會提示使用具備正確 isPLC 核心的硬體。

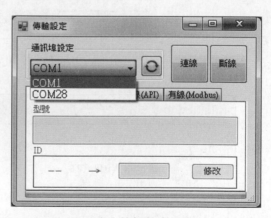

(a) 進入傳輸設定視窗

⬆圖 C-10 isPLC 與 PC 的連線測試

(b) 連線成功　　　　　　　　　　(c) 連線失敗

⬆圖 C-10 isPLC 與 PC 的連線測試(續)

　　如圖 C-11(a)當 isPLC 與 PC 成功連接後，從功能表選擇[連線/寫入 isPLC]，接著出現是否確定寫入程式的詢問視窗如圖 C-11(b))，按下[是]按鈕後即會將程式碼將寫入 isPLC 中，寫入完成會回傳寫入成功視窗如圖 C-11(c)。

(a) 選擇[寫入 isPLC]功能

(b) 提醒是否要寫入程式　　　　　　(c) 程式上傳成功訊息

⬆圖 C-11　isPLC 與 PC 的連線與程式上傳

三、控制器狀態監控

選擇功能表的[監控/設定]功能，即可開始進行 isPLC 的監控。如圖 C-12 本監控功能包括可重置 PLC、停止 PLC、強制元件 ON/OFF，及設定資料暫存器的值。

監控

重置 isPLC	停止 isPLC

元件監看

		9	8	7	6	5	4	3	2	1	0	
<	X000	0	0	0	0	0	0	0	0	0	0	>
<	Y000	0	0	0	0	0	0	1	0	1	0	>
<	M000	0		設定 D[4]：0 to				0	0	0	1	>
<	T000	0		1023				0	1	1	1	>
<	C000	0		確定		取消		0	0	0	0	>
<	D000	0	0	0	0	0	1023	0	0	0	0	>

⬆ 圖 C-12　isPLC 的狀態監控

四、匯出階梯圖檔

當完成階梯圖的設計後，可透過功能表的[檔案/匯出]功能，將設計的階梯圖以 *.bmp 的格式進行儲存。使用時先點選[檔案/匯出]功能，隨即出現[匯出]視窗，如圖 C-13。

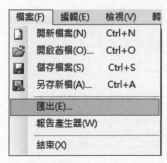

檔案(F)	編輯(E)	檢視(V)	轉
開新檔案(N)		Ctrl+N	
開啟舊檔(O)...		Ctrl+O	
儲存檔案(S)		Ctrl+S	
另存新檔(A)...		Ctrl+A	
匯出(E)...			
報告產生器(W)			
結束(X)			

匯出

路徑：　　　　　　　　　　　　　　　　　　瀏覽

名稱：　三段式開關　　匯出項目：☑程式碼　☑註解(字型大小 8 ▾)

匯出

(a) [檔案/匯出]功能表　　　　　　　　　　(b) [匯出]視窗

⬆ 圖 C-13　選擇[檔案/匯出]功能

接著透過[瀏覽]鈕設定匯出圖片的資料夾，按下[匯出]鈕，即可將階梯圖儲存在選定的資料夾中，如圖 C-14。

(a) 選定階梯圖檔案儲存所在資料夾

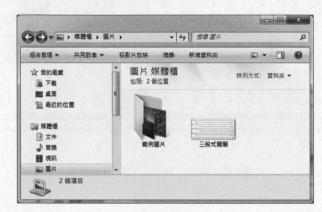

(b) 完成檔案儲存

(c) 所儲存的階梯圖圖檔畫面

⬆ 圖 C-14　完成階梯圖的[檔案/匯出]功能

C-3 isPLC Editor 的報告產生器

「報告產生器」是 isPLC Editor 自 ver.1.8.3 以後所新增的功能,透過[報告產生器]功能,使用者可以在完成 PLC 的程式設計後,快速的產生一份實習報告。使用者只要在規劃好的各頁籤欄位中填入適當的資料,在完成資料填入後按下一個按鈕,系統即可自動產生一份以 Word 格式排版的實習報告。底下說明 Word 格式實習報告的產生步驟:

一、建立 isPLC Editor 與 isPLC 控制板的串列通訊連線

使用者必須擁有 isPLC 控制板才能使用此功能,當使用者在 isPLC Editor 的[連線/傳輸設定]中完成 isPLC Editor 與 isPLC 控制板的串列通訊連線,才能致能[檔案/報告產生器]功能。

(a) isPLC[連線/傳輸設定]完成前的[檔案]下拉功能表　　(b)isPLC[連線/傳輸設定]完成後的[檔案]下拉功能表

圖 C-15　[報告產生器]功能所在位置

二、開啟[報告產生器]視窗

點選經致能後的[檔案/報告產生器]選項,即出現[報告產生器]視窗。[報告產生器]視窗中的內容包含:[封面基本資料]、[實習說明]、[設計說明]和[結果與討論]等四個報告內容輸入頁籤,和一個[產生 Word 報告檔]按鈕。

⬆圖 C-16 [報告產生器]視窗

三、輸入實習報告內容

1. [封面基本資料]頁籤：可輸入學校、科系、學年、班級、組別和組員資料，其中組員數可以自由增加。此外，亦可自由載入封面頁的圖片以美化封面頁。

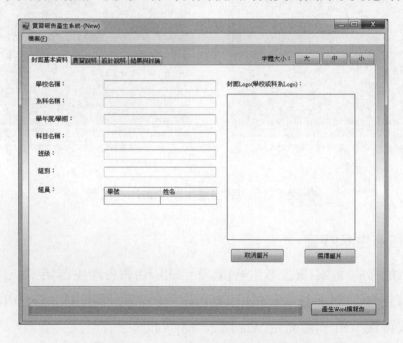

⬆圖 C-17 空白的[封面基本資料]頁籤

⬆圖 C-18　填入資料與載入圖片後的[封面基本資料]頁籤

2.　[實習說明]頁籤：可輸入實習名稱、實習說明、並設定輸入/輸出接點元件和對應
　　功能說明。此外，透過[選擇圖片]按鈕可選擇載入該實習報告的實體配線圖。

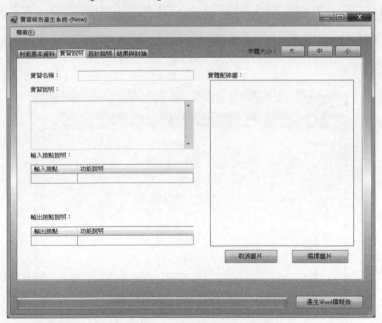

⬆圖 C-19　空白的[實習說明]頁籤

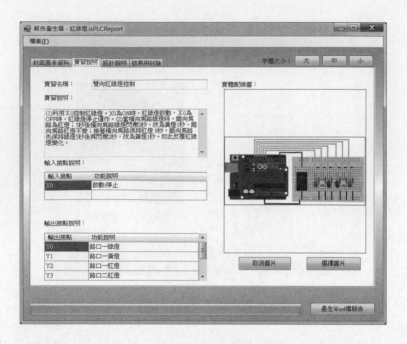

圖 C-20　填入資料與載入圖片後的[實習說明]頁籤

3. [設計說明]頁籤：主要為載入實習報告所對應設計的階梯圖，可以透過[載入階梯圖]按鈕直接載入目前設計的階梯圖，也可以透過[選擇圖片]按鈕選擇預先儲存的階梯圖圖形檔。

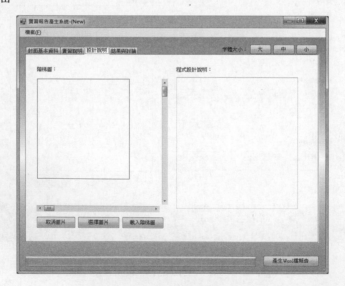

⬆ 圖 C-21　空白的[設計說明]頁籤

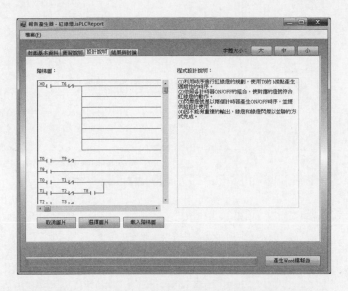

▲ 圖 C-22　填入資料與載入圖片後的[設計說明]頁籤

4.　[結果與討論]頁籤：主要針對本次實習的結果加以說明與討論，並撰寫此次實習的心得，最後則列出此報告相關的參考文獻。

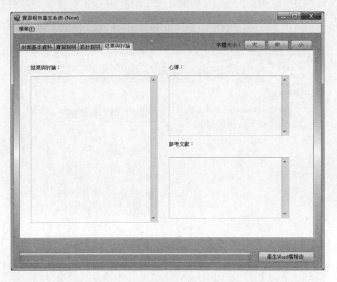

▲ 圖 C-23　空白的[結果與討論]頁籤

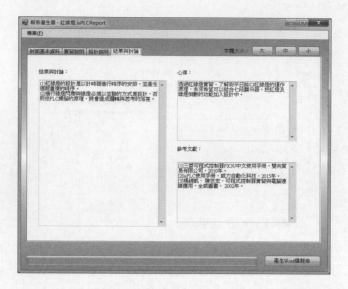

↑ 圖 C-24　填入資料與載入圖片後的[結果與討論]頁籤

四、檔案的儲存

當所有頁籤內容都輸入完成後，可以先針對目前的工作內容進行報告產生檔的儲存。下圖顯示[另存新檔]的畫面，報告產生檔預設的副檔名為 .isPLCReport。

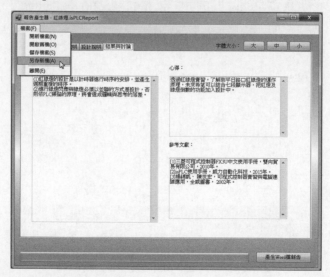

↑ 圖 C-25　選擇[檔案/另存新檔]

⬆圖 C-26　[另存新檔]視窗

　　當然，若是已有舊的報告產生檔存在，也可以直接選擇[開啓舊檔]，載入報告產生檔的內容進行修改。

五、產生 Word 格式的實習報告

　　按下[產生 Word 檔報告]按鈕，出現報告檔案的檔名輸入視窗，預設檔主檔名爲前面的報告產生檔檔名(*.isPLCReport)，副檔名則爲.DOC。

⬆圖 C-27　按下[產生 Word 檔報告]按鈕

⬆圖 C-28　輸入欲產生 Word 報告檔的檔名

　　按下[存檔]按鈕，Word 報告產生進度表開始顯示產生進度，當完成後出現[報告產生完成]之訊息。至此，系統即自動完成 Word 格式的報告檔案的建立。

圖 C-29　Word 報告檔產生進度表畫面

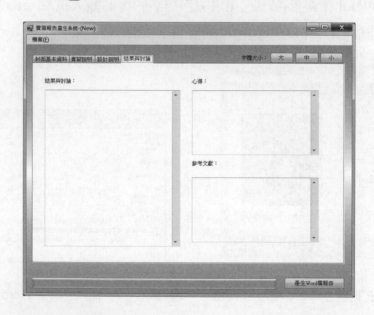

圖 C-30　Word 報告產生完成訊息

當按下[確定]按鈕後，系統即自動開啓所建立的實習報告。

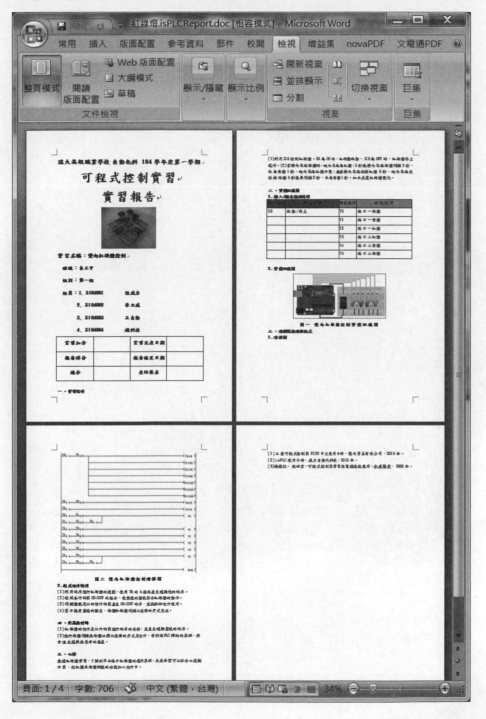

↑ 圖 C-31　[報告產生器]自動產生的 Word 格式實習報告